マグノリア文庫　6-2

収穫

人と空と大地——ともに稔るバイオダイナミック農法

講師：クラウディア・シュトックマン
アンドリュー・ウォルパート
竹下哲生

マグノリア・アグリ・キャンパス2018／2019

福島鏡石　講義録②

はじめに

２０１８年4月29日にオープンしたマグノリア農園は、48人（＋α）のオーナー、サポーター、そしてマグノリアの灯の会員さんを始め多くの方々に支えられ、実りの秋を迎えました。嬉々として収穫に参加してくださった皆さん、野菜を味わい感想を寄せていただいた皆さん、本当にありがとうございました。美味しさを、ある人は音楽で、またある人はエネルギーの質の高さで表現してくださいました。

このアグリ・キャンパスは、バイオダイナミック農法の実践によって得られる体験を、言語化し、理論的に確認し、感じとる場です。さらに、続けて来日された海外講師との交流は、参加者にまた違った気づきをもたらしてくれました。これぞ収穫と呼べる内容です。その感動を本書は収録しています。皆さんに素敵な秋を味わっていただければ幸いです。

橋本京子

収穫　人と空と大地——ともに稔るバイオダイナミック農法　目次

第2章

「調和〜メルクリウス（水銀・水星）」……43

アンドリュー・ウォルパート氏をお招きして

第3回マグノリア・アグリ・キャンパス　2018年10月28日（日）　福島鏡石

第１章

「農業と宗教」
シュトックマン司祭をお招きして

第2回マグノリア・アグリ・キャンパス
2018年10月8日（月祝）　福島鏡石

マグノリア農園でのプレパラート撒布

シュットクマン司祭は、キリスト者共同体東京集会での講座を終えて、この日14時に福島に到着。ちょうどその頃、マグノリアの畑では、ダイナミゼーション（攪拌）を終えて、プレパラート撒布を始める瞬間でした。再会を喜びながら、一緒に畑に撒布した後、鏡石青少年センターに会場を移動し、講座が始まりました。

司会：本日は、クラウディア・シュトックマン司祭（通訳に輿石麗司祭）をお迎えして、第2回目のマグノリア・アグリ・キャンパスを開催いたします。今日は「農業と宗教」というテーマでお話をしていただきます。今日初めて来られた方もいらっしゃいますが、シュトックマン司祭には２０１４年から毎年来ていただきまして、今年で5回目の来福です。毎年、素晴らしいお話をしていただいていますが、今年も皆さんと一緒に学び、実りある会になればと思います。

コーベルヴィッツ（ポーランド）

シュットクマン司祭：皆様、こんにちは。私はこの素晴らしいテーマについてお話しできることに感謝しております。バイオダイナミック農法というのは、宇宙的な若々しい働きです。この農業は、私たちの地球を若返らせます。この農法が若い力を生み出すということは、決して偶然ではないと思えるのですが、1924年にポーランドのコーベルヴィッツというところで、ルドルフ・シュタイナーの農業講座が実現できるにあたって、ある若者が大切な役割を果たしたことも大きく関係していると思います。

若々しい農業

コーベルヴィッツには当時、カイザーリンク伯爵という方がお城に住み、広大な土地を所有していらっしゃいました。その広大な土地では、素晴らしい農業の営みが行なわれておりましたが、彼は以前よりルドルフ・シュタイナーにこの城で農業講座をしていただきたいという願いを強くもっておられました。それは、この土地でアントロポゾフィーに貫かれた農業を実現したいという本当に強い願いだったのです。

1924年は、ルドルフ・シュタイナーのまさに晩年です[1]。そのルドルフ・シュタイナーは当時、多忙を極め、1日に異なるテーマの連続講演を3つこなすなど、協会内外の仕事でスケジュールはいっぱいでした。シュタイナーは、この週も次の週も「まだ無理だ」

と、言わざるを得ない状況でした。そんな中、カイザーリンク伯爵は、彼の甥をドルナッハに派遣しました。この若い甥は、ルドルフ・シュタイナーに、約束の日取りをとにかくいただく任務を負ったわけです。シュタイナーから「はい」という約束の返事をいただくまでは戻ってはならないという伯爵からの厳命だったのです。

ということで、この若者はドルナッハのシュタイナーの家の門の前にずっと座り込み、約束の日取りを下さるまでは、絶対に動かずにいたそうです。この農法を実現するための強い意志、一人の強い意志を感じることができるのです。しばらくしてようやくＯＫがでました。１９２４年6月7日から16日までの10日間、コーベルヴィッツで農業講座開催の決定が出ました。この講座は、輝かしいほどの若い人達に満ちていました。参加者のうち60人程が若者で、この機会を大変喜んでいました。農業講座の傍らで、若者のための講座も行なわれることになったのです。農業講座が実現するきっかけは、若者の熱心さでしたけれども、シュタイナーは若者の切羽詰まった問いにも答えることになった訳です。

私たちが何故それを知っているかというと、沢山の若者の中に二人の若いキリスト者共同体の司祭になったものたちがいたので、直接に彼らから聞いて知っているわけです。この二人も、その農業講座に参加したのです。司祭になった二人も含め、若者たちの魂の中に非常に大事なものを、ルドルフ・シュタイナーは見出しました。

それは何かというと、若い人たちが今、世界に新しい変革が起ころうとしていることを感じていると思ったのです。ルドルフ・シュタイナーは、この若い人たちを最も深い魂の中で理解したのです。彼らが何をしようとしているか。この若者たちは、ルドルフ・シュタイナーと共に、本当に地球をそこから良い方へと変化させていきたいと思っていたのです。彼ら自身がそれを通して全く違った人間になりたかったのです。

美しき祝祭

この若者たちは、60歳を越えていたルドルフ・シュタイナーを、自分たちの中で一番若い人だと感じていました。というのは、シュタイナーは精神・霊について、彼らに話したのではなく、霊なるもの（精神）の中から話したのです。と同時に、シュタイナーは人生の現場から、身近な地点からも、ユーモアをもって暖かく話したのです。そして常に気高い真剣さで話したのです。

この6月の農業講座という出来事を、若い人たちは一つの大きな祝祭だと感じました。

お城の中で講座は行なわれたのですが、階段が幾つもあり、丁度その頃実っていた梨の木の枝がたくさん飾られていました。そして、その時期、ドイツは素晴らしい季節を迎え、新鮮な大気が周囲を満たしていました。そして、明るく喜びの雰囲気に満ちていました。

先ほど私たちは畑におりました。良い体験の中におりましたけれども、そのような良い感じの雰囲気です。人々は互いに友情をもち合っていました。そして、自分たちがすることに意味があると思えていました。シュタイナーは、若者たちにとって自然は美しい、良いもので、もし自然が美しくなかったらば、それは人間のせいなのだと語りました。

病んでいる地球

シュタイナーは、若者たちや、その土地の農業者たちに、これからの新しい地球の在り様を語り、同時に現実的な現状も語りました。というのも、地球・大地は既に病んでいたからです。そして今日において、当時よりも、もっと病んでいると言わざるを得ないのです。地球は熱を出している。あまりにも熱すぎる、海も熱くなってしまって、台風が幾つも発生し、北極や南極の氷が融けるほど熱くなってきているので、地球が本当の意味で、秋になることや、冬になることに対して頑張らなければならなくなってしまっています。

本当に危機的な状況で、地球が「冬の静けさ」というものを持てなくなって麦の種を大地に撒いても、その大地の中で冬の静けさ、安らぎを得られなくなってきているのです。言わば近代的農業によって、害になるような農薬が撒かれ、ふさわしくない濃度にまで蓄積されてきている訳です。害虫に対する農薬だけでなく、放射能も撒き散らされている現状です。地球・大地は虐待を受けてきています。私たち人類が、この大地から自分たちのためにと獲得とばかりしようとしているのです。地球・大地によって金持ちになろうとしているのです。あるいは、そのように物質的方向に単純化・機械化し、単一化した文化を作ろうとしているのです。

そこで起こっているのは栄養の問題です。地球は私たちに栄養を与えることができなくなりつつあります。私たちは、頭で考えることも、意志をもってこの大地で行為することも難しくなってきています。今日における栄養摂取の在り方は、私たちの思考活動を支えるには弱くなっているのです。栄養を与えるべき植物たちが、そのような力を与えることができなくなってきています。

と言いますのは、本来の健やかな栄養というものは、私たちの頭をきちんと働かせてくれるものなのです。本来の栄養は、私たちの思考力を、生き生きと働かせるようにしてくれるものなのです。それは創造的で、クリエイティブな思考内容を生み出す支えになり、それこそが私たちの意志に働きかけるもので、熱心に行動することができるようになるのです。栄養が悪いと、私たちの思考内容はとても抽象的になってしまいます。単なる情報になってしまいますし、そこからは灰色の理論しか生まれてこないのです。それによって私たちは退屈します。それによって、私たち人間は色々な意味で死んでいくのです。死んでいくというのは、例えば「興味が持てない」「生き生きしない」ということです。

死んだ思考・生きた思考

私たちはどうなっていくかというと、マニュアルや決まり・規則によって動くようになっていきます。Life（命・生活）にしっかり結びついた生き方ができなくなっていきます。例えば、日本でも世界でも駅のプラットホームには、線が引いてあります。時々、足の形もあります。私がプラットホームのどこに立てばいいか、どこに立ってはいけないかが分かります。でも、違った風にもできるわけです。そのためには、我々人間は更に目を覚ます力が必要です。目覚めた意識、そこでその瞬間に霊的な力が目を覚まし、どうしたらいいか分かるようでなくてはいけないのです。

例えば、電車が来てドアが開いて、どうしたらいいか分かる力が必要です。どの瞬間に私が中に入るべきかが分からないといけません。例えば、障害を持った人がいて、私が本当に目を覚ますことができていたら、決まりがなくても、どうしたらいいか、どのように振る舞えばいいかが全部分かるはずなのです。どの人も自分がどう行きたいかが分かるはずなのです。けれども、私たちは麻痺していて、さぼったり、やらなかったり、考えもしない、お任せという風にもなっているのです。電車に乗りますと、何度も「今、この電車はどこに向かっています。次の駅は○○です。こうです、ああです……」ずっとアナウンスが流れます。私自身はどこに行くか分かっているので、できれば、静かにしていただいて、本でも読んでいたいのです。

このような現代社会の中で、バイオダイナミック農法というのは、そのようなこととは全く違うことをしているのです。何のマニュアルもありません。これを見れば書いてある、そのようなものではないのです。そうではなく、鼓舞があるのです。

例えば、今日お話しているルドルフ・シュタイナーのコーベルヴィッツでの講座の内容は、本になっていて売られている訳ですけれども、それらは全部シュタイナーのヒントにすぎない訳です。それらは、私たちにヒントを与え、「やりなさい。やることを通して本当に別の人間になりなさい」と言っているだけなのです。「地球を、大地を根底から変容させなさい」と言っているだけなのです。「生き生きした思考によって、この実際の地球を、土を大地を良い方向に変えていきなさい」と言っているだけなのです。このような生き方というのは、マニュアルを見てやればいい生き方よりもずっと大変です。

宇宙との対話

シュタイナーは、根本的な信条を前提として話を進めています。そのうちの一つが「地球は宇宙における命を持った有機体である」という考え方です。それは、理論ではないのです。理論でそうだということではなく、農業者は、そのことを時に応じて感じている人たちなのだと言っているのです。地球は、無数にある星々の中で本当に特別な星だということを体験している人たちなのです。地球は、他の多くの星々と特別な関係を持っている星だということを分かっている人たちなのです。太陽や月、惑星や黄道十二宮に対して、関係を持っていることを分かっているのです、理論ではなく。

というのも、地球は星々の力を保ちます。逆に私たちが地球上でなすことは、宇宙の星々まで届いています。私たちが今日、先ほどいたしました行為（プレパラート撒布）の、どの小さな雫も全て宇宙に照り返して、そして大いなる対話を宇宙と地球にさせるものです。

8つのプレパラートの意味

バイオダイナミック農法の農業者の心にしっかり入らなければならない決まりというか約束というものがあります。もちろんマニュアルではありませんが。それは「地球の働きを、再び宇宙の働きと関係させていく」ということです。例えば土をどうするか、牛糞をどうするか、コンポストをどうするか、心の中にしっかりと納めるべきはっきりしていることがあるわけです。その中の中心がバイオダイナミック農法の8つのプレパラートなのです。

「8つのプレパラートとは何ですか？」と問うならば、仏教の八正道③と深く結びついていることを感じられるでしょう。牛糞が牛の角の中に入れられ、更に土の中におかれます。そして何週間も静かにそこに置かれると、大地と地球とプレパラートは語り合うのです。

それはいわば、子どもがお腹の中で育っていくようなイメージです。そして、私たちはこの土の中で生成されて行くプレパラートの匂いも嗅ぐことができます。大地からプレパラートを取り出しますと、その香りは全く違うものになっています。この香りを言葉で表現するのは難しいのですが、ただこう言えます。「そこには地球の匂いがする」と。かくも新鮮な、かくも母のように受胎的な受け取る力がある、そのような香りがするのです。

農業者の2つの要素

プラパラートをつくり、大地を耕すバイオダイナミック農法の実践者は、2つの要素をつくり出します。一つは、**芸術的な認識**です。そして、二つめは、何をするか、何をしていくか、体を使って実際にそれを**実践する**という要素です。ルドルフ・シュタイナーは当時、農業者の皆さんに、大いなる視点から言ったのです。「やってください。実際にやってみてください。」シュタイナー自身、それでどうなるか全部分かっていた訳ではないのです。まだ行なわれていないのですから。「今やるのだ」。やれば、何かが起こってどうなるかが見えて来ます。そうしたならば、次の段階でどうなっていくかを体験することができます。そうすれば、人々はその経験をもとに学んでいくことができます。

そうすると、また新しい認識が生じて、次第に豊かなものになっていきます。そして、それによって更に大地のために働けるようになり、益々意識の力を明るくしていくことになります。農業の仕事の中で、人間は「意識から命へ」「命から意識へ」、また「意識から命へ」という風に双方向の流れを繰り返していくことになります。何がそこで起こるかというと「私たちが学ぶ」ということが起こるわけなのです。農業者とは、ずっと学んでいく人なのです。そして常に、生成していく人間なのです。

人と大地の変容

私は先ほど、この3年間、畑で働きがなされたことを通して、あの土地が変容したということを聞きました。そして、そこで働いた人々、皆さんですけれども、皆さんもまた変容したと言えると私は思います。そのことは、一人ひとりの方が「そうだ」とおっしゃられるのではないでしょうか。このバイオダイナミック農法は、世代毎にまた新たに得られていくものなのです。というのも地球・大地も変容しつつあるからです。

毎年、季節は違った現れ方をします。どの年も全く同じに現れることはありません。バイオダイナミック農法は、フランスにあり、イタリアにあり、ドイツにあり、その国に沿ったあり方をしていて、それを日本に持ってきて、そのまま移すということはできないのです。バイオダイナミック農法を日本でするということは、全く新しく「日本ですべきことをする」ということになるのです。

例えば、日本の中でも、九州という地で行なっているものを福島でそのままやるということではないのです。バイオダイナミック農法全ては一つの家族なのですが、家族の構成員が色々あるように、様々な役割をその土地で果たしていくのです。家族なので勿論、基本的なところでは共通の要素を持っている訳です。農業というものは、新たに成立し続けるものです。と言いますのは、宇宙的諸力への敬虔なる思い、地球・大地への大いなる愛、この地球への愛というのは様々な細かな要素に溢れているのです。

例えば、先ほどダリアを見ましたが、ダリアを見ると、ダリアの本性を自分の中に感じます。ダリアが花咲いているのを見た自分は、自分も花咲いているのです。

先ほど見た赤い透明な繊細な色彩は自分にも咲きます。その重さや、どんな動きをしているのかも含めて、私も植物と共に成長し、成熟し、私も自分の中で果実になることを体験するのです。そして、植物と共に私も枯れていきます。私はそのようにして枯れて、地球とまた結びつくのです。

このことは、頭の力でやっているのではなく、私の気持ち、心の中で感じて動いているのですが、そのことを通して、私たちは地球のために何かをしています。そのように生きることを通して、四大の霊（土の霊、水の霊、風の霊、火の霊）たちが再び霊的な世界に行けるように助けているのです。と言いますのは、植物たちは、霊たちに対して、そのことができないからです。植物たちは、人間の自我を必要としています。人間の自我がこのことをしてくれないと、四大の霊たちも植物たちも困るのです。こうした観点から、農業者は「物質と霊の橋渡しをする人」だと言うことができます。

瞑想とは

農業講座の最後にシュタイナーは、もう一度若い人たちと話す機会をもち、瞑想について次のように語りました。

「見て下さい。考えて下さい。単に知ることができるものを変容させてください。何に変容させるかと言えば、知ったことの内容を敬虔な思いに変容させるのです。そうすれば、皆さんは最も良い道の上にいることになるのです」

瞑想とは、人が敬虔な思い、礼拝といってもいいような思いの中にただの情報を変容させたものです。このことこそが灰色の単なる理論を変容させ、人々を救うことになります。私たちは今日、考えられないほどの情報を持っています。いたる所に、コマーシャルが目に入ります。そして、メディアも政治的な状況を流し続けています。ところが、それらは私たちに本当には触れて来ないのです。沢山の情報は不要で、少しだけでいいのです。少しだけのことを体験するのです。

例えば、ニュースがインドネシアの地震を伝え、こんなことが起きたという風に聞くと、私は日本で起こった大震災の中で、ある母がすべての子を失ったことを思い出すのです。それが私を動かすのです。単にそれを情報として知るんでしょうか？　このように心の中で本当に動くもの、心の中で本当に人を動かすものを「瞑想」と言います。そのことによって、私たちは自分の中から全く別の自分を生み出すのです。そして、私の、世界への関わりは変わっていくのです。関わりはより深くなります。責任感が強くなります。聴くことができるようになります。

ダイナミゼーション(攪拌)に打ち込む

バイオダイナミック農法の農業者は、日々瞑想をしているようなものです。彼はプレパラートを攪拌します。彼は全存在をもってそれをやるのです。全存在でやっているのであって、イヤフォンつけて音楽を聞いてやっているのではないのです。

もし彼の耳に何か聴こえているとすれば、それは攪拌されているものの音です。あるいは鳥たちの鳴き声です。彼の目が見ているものは、どのように波が立つかとか、本当に攪拌される様相なのです。この人間の行為が地球に必要とされているものなのです。もちろん農業者が攪拌しながら同僚の人と喋ることもあるでしょう。でもそうなると、違った感じのものになる訳です。

この行為の中に全存在を打ち込んでいる姿を「敬虔さ」、あるいは「礼拝の姿」という訳です。彼は客観的にみて、敬虔であって、センチメンタルではありません。

もし、人がそのような行為をしている時に、虚栄心や欲、妄想・幻想があって、現実をきちんと見ていなかったらどうなることでしょうか。そのような時には、この大自然が私たちに教えてくれるでしょう。

花が咲くように

花は美しく咲いていますが、虚栄心で咲いているのではありません。名誉欲なども持っていません。花が咲くというのは、彼女が持っている全ての条件を一生懸命に実現させているだけなのです。枯れてしまうまでベストを尽くしているだけなのです。可能な限りやっているだけなのです。仮に非常に乾燥した中であったとしても、精一杯限りを尽くすだけなのです。

日本でもそうだと思いますが、私たちのところでは、あまりに乾燥してしまったなら、木は葉っぱを落として自分の中にある水を保つことをします。それは無意識の行為のようにも見えますけど、**帰依**の気持ちを私たちに教えてくれるものです。絶えず**無私**なのです。

農業者という司祭

バイオダイナミック農法の農業者の働きは未来的な仕事で、その仕事は大地に対する司祭のようなものです。地球は、言わば**一つの祭壇**なのです。そこで農業者は、宇宙と地球の関係を成立させます。そのことについては、すべてを話し尽くせませんが、今日皆さんと分かち合えることは、この仕事は絶えず若返っていく地球と宇宙の関係をきちんとしていく、若返らせていく勤めなのです。

農業の未来

最後に私はルドルフ・シュタイナーが、農業講座の最後に語ったビジョンについてお伝えしたいと思います。

「未来に大いなるバイオダイナミック農法の一帯が生まれるでしょう。それはオアシスです。オアシスであるバイオダイナミック農法の土地は、本当に霊的な人間の文化の中心になるでしょう。そこで芸術が発展し、芸術家が活躍するでしょう。本当に健全な社会的な人間同士の働きで、絶えず満たされていくようになるでしょう。そして、このようなバイオダイナミック農法による大地の中では、学問も発展していくでしょう。色々な研究がなされていくでしょう。このことが地球を癒すことになるでしょう」

ルドルフ・シュタイナーは農業というものを、未来の本当に理想的な文化の中心であると見ていました。以上で、私のお話を終わりたいと思います。

（会場拍手に包まれる）

質疑応答

キリスト衝動

Q1．船津：私はカトリック信者なのですが、以前からシュトックマン司祭に是非にお会いしたいと熱望していました。まずお会いできたことに感謝いたします。マグノリアの畑も是非とも見たいと横浜から初めて福島に来ました。神聖な神様の御旨が行なわれているのだなと、体験と共にお話を聞いて本当に感じました。農業に詳しくはないのですが、橋本さんの農業に感動しました。質問は、いつも山本先生や吉田さんから「キリスト衝動」という言葉をお聞きしていますが、それはどういうものかお聞きしたいです。

A1．シュトックマン司祭：大変良い質問ですね。まず私に言えることは、一言でそれを何だと答えたとすると、すぐまたご質問が出るかもしれません。先ほど、自我について申し上げましたが「自我衝動」だと言いたいと思います。

ここで言いたいのは勿論、エゴの小さな日常的な自我のことではないです。それは大いなる自我で、まだ一つになっていない、私たちを包んでいる無私の私なのです。それは本当に無私の私で、まるでお日さまのようで、他の人に自分を捧げられる私なのです。本当に社会的で愛に満ちていて同時に非常に強いのです。

補足（通訳・輿石麗）：「自我衝動」と日本語に翻訳しましたが、「私衝動」と言ってもいいのです。「キリスト衝動は一言で言うなら私衝動と言いたい」と訳してもいいのです。どちらもまたそこで質問が出そうな表現ですが、自我って私のことですね、自我という難しい言葉を使わなくても、要は私と言っている「私」なのです。私と言っている「私」は結構エゴイスティックなのですが、そちらではないと言いたいのです。「私」とエゴの「私」は一つになってないけれども大きなもの、でもそれも「私」に繋がっているのだと。また質問が出るかもしれませんが。

船津：大変良く分かりました。想像していたものとは違っていたので大変良かったです。想像していたものは、十字架に架けられた見捨てられたキリストです。そうでなく、マリア様のようなことなのかなと。今は、神様のような心なのではと感じました。

シュトックマン司祭：はい、その二つともなのです。と言いますのは、十字架上のキリストは、まずお日さまのように痛みの中で皆のために輝いているのです。皆のために、皆の痛みをそこで担っているのです。マリアというのは、先ほど私たちがお話した「聞いたこと、見たこと、知ったこと全てを心の中で動かして、それを敬虔な思いへ向けて変えていく、礼拝的なものとしていく」その在り方、それがマリアなのです。ですから二つのことを申し上げたかったのです。

二つのイメージ、十字架にかかっているキリストとマリアのイメージを仰って下さり助かりました。二つともそうなのです。十字架のキリストは皆のために輝き出し、マリアは自分が受け取ったことを内側に入れて、それを敬虔さをもって、礼拝・お祈りすることに変容させているのです。仰って下さってありがたかったです。そのような二つの在り方がとても健全な私なのです。私の本当の健全さなのです。

船津：ありがとうございます。とても心に落ちるお話でした。ずっと興味を持っていたことなので直接うかがうことができて本当に幸せです。

シュトックマン司祭：私も今、改めて二つのことが整理できて嬉しいです。

Q2．後藤：質問ではなく感想です。私は前々から実家の農作業を手伝っていて、土を触っています。家庭菜園や、稲作を少しやっていて、その作業をするのが楽しいのですが、私が楽しそうにやっていると人からは「自分の今の家庭が面白くないの？」とか、実家に帰りたいから楽しそうにやっているのでしょう」と言われていましたが、そうではなくて作業がすごく好きで、自分ながら不思議な気持ちだったので、どうしてかと聞きたいなと思っていました。

今日の冒頭の司祭さまのお話しの中で「人間には地球の働きと宇宙を繋げる役割がある」とか、「実践しなさい。今日のようなプレパラートを攪拌することのように体験してやってみなさい。理論ではない」と言われていたので、自分の中で確信が持てました。自分の中でこのことが意識できたらいいなと思いました。

瞑想

Q3．吉田：今日はありがとうございました。お話の中で「瞑想」という言葉が出てきました。よく「瞑想しなさい」と言われますが、どう瞑想したらいいか難しいと思っていました。例えば、深く自分の中に静けさをもって祈るようなことに対してです。「農業をすることが瞑想になる」と仰られていましたが、私は普段は農業をしているわけではないです。でも、例えば「お花の手入れ」とか「自然に対して関わりを持つこと」は瞑想になることになるのかという質問と、もう一つは、凄く感動したことで、「灰色の理論的なことを瞑想することで変容できる」という素晴らしさについて、もう少しお話をお伺いしたいです。

A3．シュトックマン司祭：今のご質問をお聞きして、あなたが既にお答をおもちのなのだなと直ぐに思いました。と言いますのは、例えば主婦の方が人参を刻むことを瞑想にすることも可能なのです。縫物をすることもそうなのです。すなわち私の全存在をもって行なっている時、それは一つの瞑想なのです。

例えば、対話だってそうです。対話している時に、私が本当にそこにいることができたとしたら、それは瞑想なのです。対話をしているときに私がそこにいる、あるいは縫物をしている時にそこにいる、というのは、瞑想が持つ「意志」の側面が強いと言えます。多分それが普通に言われていることでしょうけれども、「思考内容」の側面があって、素晴らしい言葉（例えばシュタイナーの提示した祈りの言葉）に、私の全てを向けて一生懸命それを思うと瞑想になります。

「知的な光でなく、純粋な光の中に私は生きている」

このような瞑想の言葉がありますが、本当の意味で私が入っていって、その言葉を体験するならば、それを瞑想と言います。そうすることで幸せになります。人間「私」というものは、起こっていることの中に、自分が本当にいることができたら幸せなのです。とても大変なことですが、でも幸せなのです。多分、皆さんはそれをしているのではないでしょうか。大変なことをすることは幸せなのです。

プレパラートの秘密

山本忍：最初の質問で出てきた「キリスト衝動」という言葉について、私なりにコメント

表1　元素周期表（らせん）

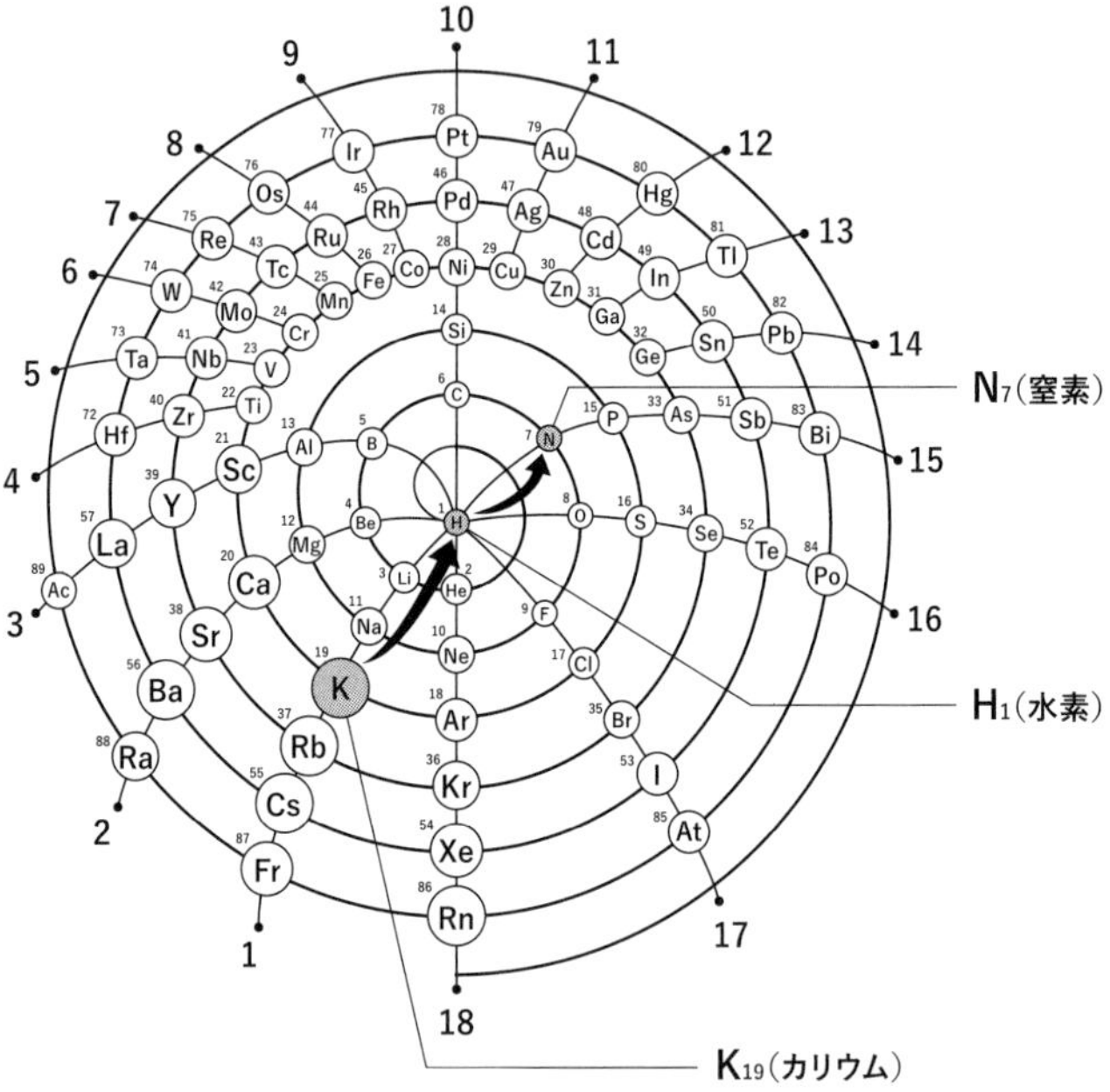

出典：『ホメオパシーとエレメント』（ジャン・ショートン／油井寅子訳）<ホメオパシー出版>

したいと思います。この農業講座第5講の中で、シュタイナーが「プレパラートの働きとは何か?」について、一言だけ述べている部分があります。

「水素のもとに有機体内でカリウムを窒素に転換する錬金術」

であると。この一文が世界中の人たちの謎だったのです。これはいったいどういう意味なのか、私も謎解きに取り組んでいたある日、元素周期表に隠された秘密について、ホメオパシーの世界である発見がなされ、それが大きなヒントになりました。元素周期表は、「すいへいりーべぼくのふね……」と高校の化学の授業で呪文のように暗記したことを覚えていらっしゃるかと思います。

オランダ人ホメオパス、ジャン・ショートン(4)は、1993年、ロンドンでの大会で画期的な発表をします。それは「人の誕生（1番水素は赤ちゃん）から死までの成長に寄り添うように元素は順に並んでいる」という内容でした。螺旋の周期表（表1）では、K→H→Nが一直線上に並びます。この螺旋図がヒントになり、私は以下のように結論づけました。『水素を経由し（一度死んで霊界に戻り）再びこの世に蘇る時、元素番号19番のK（19歳の青年）が7番のN（7歳の少年）に変わる如く12年（12時間、12分）のときを生み出している』

これが、時間を創り出していると私が考える理由ですし、本日シュトックマン司祭の話されたことに通じていると思います。12年の年月をこの地上に提供してくれているのがバ

表2　元素周期表(平面)

(エーテル的)復活

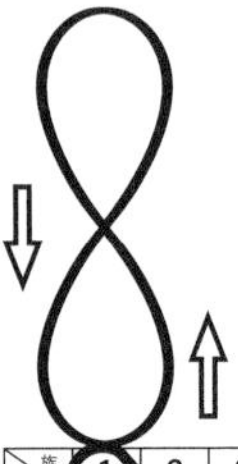

族/周期	1	2	3	4	5	6	7	8	9	10	11	12	13	14	15	16	17	18
1	1 H 水素																	2 He ヘリウム
2	3 Li リチウム	4 Be ベリリウム	5 B ホウ素							6 C 炭素					7 N 窒素	8 O 酸素	9 F フッ素	10 Ne ネオン
3	11 Na ナトリウム	12 Mg マグネシウム	13 Al アルミニウム							14 Si ケイ素					15 P リン	16 S 硫黄	17 Cl 塩素	18 Ar アルゴン
4	19 K カリウム	20 Ca カルシウム	21 Sc スカンジウム	22 Ti チタン	23 V バナジウム	24 Cr クロム	25 Mn マンガン	26 Fe 鉄	27 Co コバルト	28 Ni ニッケル	29 Cu 銅	30 Zn 亜鉛	31 Ga ガリウム	32 Ge ゲルマニウム	33 As ヒ素	34 Se セレン	35 Br 臭素	36 Kr クリプトン
5	37 Rb ルビジウム	38 Sr ストロンチウム	39 Y イットリウム	40 Zr ジルコニウム	41 Nb ニオブ	42 Mo モリブデン	43 Tc テクネチウム	44 Ru ルテニウム	45 Rh ロジウム	46 Pd パラジウム	47 Ag 銀	48 Cd カドミウム	49 In インジウム	50 Sn スズ	51 Sb アンチモン	52 Te テルル	53 I ヨウ素	54 Xe キセノン
6	55 Cs セシウム	56 Ba バリウム	L ランタノイド	72 Hf ハフニウム	73 Ta タンタル	74 W タングステン	75 Re レニウム	6 Os オスミウム	77 Ir イリジウム	78 Pt 白金	79 Au 金	80 Hg 水銀	81 Tl タリウム	82 Pb 鉛	83 Bi ビスマス	84 Po ポロニウム	85 At アスタチン	86 Rn ラドン
7	87 Fr フランシウム	88 Ra ラジウム	A アクチノイド	老化 ⇨														
				57 La ランタン	58 Ce セリウム	59 Pr プラセオジム	60 Nd ネオジム	61 Pm プロメチウム	62 Sm サマリウム	63 Eu ユウロピウム	64 Gd ガドリニウム	65 Tb テルビウム	66 Dy ジスプロシウム	67 Ho ホルミウム	68 Er エルビウム	69 Tm ツリウム	70 Yb イッテルビウム	71 Lu ルテチウム
				89 Ac アクチニウム	90 Th トリウム	91 Pa プロトアクチニウム	92 U ウラン	93 Np ネプツニウム	94 Pu プルトニウム	95 Am アメリシウム	96 Cm キュリウム	97 Bk バークリウム	98 Cf カリホルニウム	99 Es アインスタイニウム	100 Fm フェルミウム	101 Md メンデレビウム	102 No ノーベリウム	103 Lr ローレンシウム

メンデーレフらによって作成された表。元素の重さ順に並べられている。

19の位置から水素1番を通り、霊界から再び7番へと降りてくる。

・右へ向かうと年をとる(老化)。

・隣の元素に転換すると安定する。

・Sr(ストロンチウム)→Y(イットリウム)／I(ヨウ素)→Xe(キセノン)

Cs(セシウム)→Ba(バリウム):放射性物質を出す。

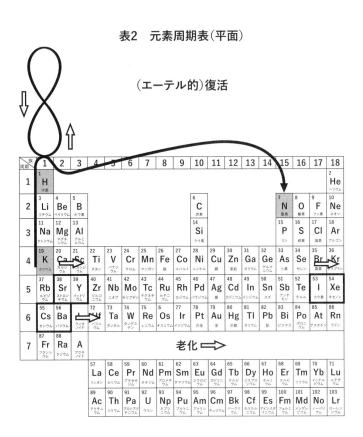

イオダイナミック農法だということ、「地球を若返らせる」まさにそのことだと思いました。平面的な元素周期表（表2）でみると、以下のようになっています。

この蘇ってくる経過に「キリスト衝動」が働いているのだと、私は思います。なお、高橋巖先生は、「ぎりぎりのところで神と出会う」という表現で、自著[5]の中で以下のように解説されています。

信仰をもつことで神とつながるというのはよく聞くことですけれども、そうではなく、悲惨な、どうしようもない理不尽な最低のところに神が降りてくるという考え方です。シュタイナーは、この神の降下を「キリスト衝動」と呼び、人智学の中心に位置づけています。

地表と横隔膜

橋本文男：今日は、貴重な講座をしていただきどうもありがとうございました。また畑に

図1　植物と人間

までおいでいただきまして本当に嬉しい限りです。今日のお話は最初、人間の生き方について話されているのかと思いましたが、農業においても心や気持ち、感じることが非常に大事だということが印象に残りました。

シュタイナーは、農業講座第2講の中で、大地の概念を説明しています。人間の頭と胸が大地の中にあり、横隔膜が地表辺り、地上にお腹の内臓があって、生殖器、花が上にあるという例えをしていますが、それが何を意味しているのか、最初の頃は、さっぱり理解できなかったのです。

今では農業講座を聴いてから7年になるので、シュタイナーの言っているこの大地の考え方、対称性が腑に落ちてきました。私は、有機農法を40年やってきて、竹パウダー（竹を粉々にした繊維）を栽培に用いるようになりました。横隔膜辺り（地表）にせっせと竹パウダーを撒くのですが、農薬を使わず、大した肥料もやらないのに何故健康な作物が育つのかと思っていました。人間の健康は腸の中の働きにあり、腸が健全であれば人間は健康になるのだということから、地上を健康にするということが作物作りに大事な点だということが、バイオダイナミック農法に出会って、答え合わせができたように思っていました。そのことを文章に書いてきましたので参加の皆さんにお渡しします。作物が育つには単純に肥料だけでない、森羅万象全て、雨も風も大気も含めて全て作物の栄養であることも書き記しました。

でも今日の一番の収穫は、大地の中に埋まっている人間の頭と胸、つまり知ったこと（頭）を、敬虔な気持ち（胸）で変容させていくことをお聞きして、人間の意志（腹）とつながって、私の腑に落ちました。本当に勉強になりました。

輿石麗：ありがとうございます。小山浩子さんが代表してらっしゃるキリスト者共同体の畑（区画：地29）の皆さんにも、この感想をお土産に持ち帰らせていただきます。

橋本文男：はいどうぞ皆さんお元気で。またお会いできる日を楽しみにしています。

（拍手）

（1）シュタイナーは、この農業講座の8か月後、1925年3月にこの世を去っている。

（2）プレパラート〈『バイオダイナミック生物育成ガイド』（イザラ書房）より抜粋〉

番号	素材	目的・惑星・元素	八正道＊
500	牛角牛糞	大地との結合	正見
501	牛角シリカ	太陽との結合	正思惟
502	ノコギリソウ	金星／カリウム	正語
503	カミツレ	水星／硫黄・カルシウム	正業
504	イラクサ	火星／ギ酸・鉄	正命
505	ナラ樹皮	月／カルシウム	正精進
506	タンポポ	木星／ケイ酸	正念
507	カノコソウ	土星／リン酸	正定

＊編集者作成

（3）仏教において涅槃に至るための8つの実践徳目。

1．正見（しょうけん）：正しいものの見方で物事を見ること

2．正思惟（しょうしゆい）：正しい考え方、偏らない考え方をもつこと

3．正語（しょうご）：正しい言葉遣いをすること

4. 正業（しょうごう）：正しい行ないをすること
5. 正命（しょうみょう）：正しい生活を送ること
6. 正念（しょうねん）：正しい意思・信念をもつこと
7. 正定（しょうじょう）：正しい座禅を行なうこと

（4）『ホメオパシーとエレメント』（ジャン・ショートン著／由井寅子訳）〈ホメオパシー出版〉
（5）『なぜ私たちは生きているのか』（高橋巌・佐藤優）〈平凡新書〉

第 2 章

「調和～メルクリウス（水銀・水星）」
アンドリュー・ウォルパート氏をお招きして

第3回マグノリア・アグリ・キャンパス
2018年10月28日（日）　福島鏡石
鏡石勤労青少年ホーム

司会： 稔りの秋、今月2回目のアグリ・キャンパスには、またまた海外から素敵なゲストをお迎えしました。昨年もマグノリアの灯の活動を視察に来られ、2日間大変有意義な時間を共に過ごしましたアンドリュー・ウォルパートさんです。

ちょうど、竹下哲生さんの農業錬金術シリーズ「硫黄」「塩」に続き「水銀」をテーマにしていましたので、今回はお二人の講師に、調和をテーマに水銀について語っていただくことになりました。午前中は、教室で行ないますが、午後は畑で語り合う時間をもちたいと思っています。大変楽しみな1日です。通訳は関矢ひとみさん（オイリュトミー療法士）です。ではよろしくお願いいたします。

アンドリュー・ウォルパート： 親愛なる友人の皆さん、おはようございます。秋の季節に日本にいるのは素晴らしいことです。この数日間、北海道にいたのですが、紅葉が見頃でした。私は去年、忍さんと出会いました。この繋がりに、また忍さんの日本での良き仕事に参加する機会をいただいたことに、とてもとても感謝しています。

雫（しずく）

今日のテーマは「メルクリウス」[6]です。まずは、あるひとつのイメージで始めたいと思います。早朝、葉っぱの上に乗っている露の雫を想像してください。このイメージを、この「メルクリウス」のテーマのために、皆さんと共有したいと思います。

〝dew drop〟は日本語で何と言うのですか？

会場：「雫」です。

アンドリュー：「しずく」。いい響きです。

哲生さんも、皆さんと一緒に、水銀、硫黄、塩のテーマに取り組んだのではないかと思います。また今日の後半は、哲生さんが水銀について、より科学的・化学的な観点からお話ししてくれるでしょう（『硫黄・塩・水銀プロセス〜農業・錬金術の3原理を学ぶ』〈マグノリア文庫6-1〉に収録）。私は医師ではないし、農業者でもないし、天文学者でもありません。だから、忍さんからこれを依頼されたとき、今日の準備としての宿題をしなくてはなりませんでした。というわけで、初めにとてもわかりやすいこと、私のちょっとした原始的なリサーチをお話ししたいのです。でもその後、私が見つけ、とりわけ霊感を受けた、このテーマのいくつかの面に言及していこうと思います。この、人々の間の「メルクリウス」のクオリティとは何でしょう？　ルドルフ・シュタイナーが「メルクリウス」についてのべたことをいくつか引用したいと思っています。

メルクリウス＝ヘルメス

まずは、ギリシャ神話から始めましょう。「メルクリウス」はラテン語の名前、そしてこの神のギリシャ語の名前は「ヘルメス」です。ヘルメスが生まれた日の、みごとなお話をきっと皆さんもご存知でしょう。

ヘルメスは、生まれた日にゆりかごを抜け出し、兄のアポロンの牛を盗みました。ヘルメスは、だんだん遠ざかっていると気づかれないように、牛たちと一緒に後ろ向きに歩きました。その後ヘルメスは亀を見つけて殺し、その甲羅から竪琴を作りました。牛を盗まれたと知ったアポロン

図1　ヘルメスの杖

が激怒したとき、ヘルメスはその亀の甲羅で作った竪琴を贈り物として差し出し、アポロンはそれを受けとりました。太陽神アポロンは、ヘルメスに「カドゥーケウスCaduceus【ラテン語＝カドゥーケウス／ギリシャ語＝ケーリュケイオン】」、つまり双子の蛇のからみあった一本の棒を授けました。こうして「カドゥーケウス」はヘルメス神の象徴となりました。

このように「ヘルメス」または「メルクリウス」には多くの属性があります。神から人間への使者であり、また死後の人間の魂を導く神でもあり、私たちが最もダイナミック(動的)であると認めるもののひとつです。変幻自在で、仲を取りもつ才能があり、また変化をもたらします。商人、医師、嘘つき、そして今日のジャーナリストと結びついている神でもあります。ヘルメスは、途方もない運動性と、変化と変容をもたらす天賦の才を持つ神です。

また北欧神話では、オーディン【Odin】またはヴォータン【Wodan/Wotan】という名前で登場します。このヴォータンという名前は英語の水曜日「Wednesday ウェンズデイ＝ヴォータンの日」の語源になっています。ドイツ語で水曜日は「Mittwoch ミットヴォッホ」つまり週の真ん中を意味し、あまり面白くない、と思いきや、実はとても面白いのです。何故なら「週の真ん中」というのは、どちらの方向にでも行けるという意味でもありますから。

ラテン語の「メルクリウス」は全てのロマン語【ラテン語の口語である俗ラテン語に起源をもつ言語の総称】における水曜日、つまり〝mercredi メルクレディ【フランス語】〟〝miercoles ミャルコレス【スペイン語】〟……などの語源です。

さて次に、キリスト教的神話では、大天使ラファエルと関連づけられます。ラファエルはヘブライ語で「神は癒す」を意味します。ここからは直接、医学的な関連がみてとれますね。

メルクリウスの否定的な面は、信頼できないこと、不誠実なことです。肯定的な面は多芸多才で機転が利くことです。それを否定的とみるか、肯定的とみるかは、あなたの感じ方次第となります。メルクリウスが絶え間なくコロコロと変わることに怒りを覚えることもあれば、いつも動いていて変化に富んでいるからメルクリウスといて楽しいと感じるときもあるでしょう。

心を開く行

おそらく皆さんは「6つの行[7]」と呼ばれるものをご存知かと思いますが、その中で私が一番好きなのは、第5の行「心を開くこと（先入観の排除）」です。

例えば、あなたが教師だったら、授業の準備をしなければなりません。そして状況に敏感な教師であれば、教室に入ったとき、今そこで何が起きているかを感じ、もしかしたら準備していた計画を変更しなければならないでしょう。私は水曜日に生まれました。だからきっとこの第5の行が特別好きなのでしょう。

水銀のクオリティ

メルクリウスに関係する金属は、水銀で、元素記号はHg【Hydrargyrum = Hydr 水】です。この名前は古代において、この金属が「液体状の銀」と呼ばれていたことに由来します。

水銀は、常温で液体の形をとる唯一の金属です。他の全ての金属は硬いのですが、地球進化の始まりにおいて、全ての金属は液体でした。それで地質学者たちのなかには、水銀が若いクオリティをもっていると考える人々がいます。

大半の水銀は、ヨーロッパで産出されます。この事実は、ある人智学者たちを次のような考えに導きました。それはヨーロッパが、東と西の間を媒介する性質を持っているという考えです。この関係性は明確になっていますか？　水銀が主にヨーロッパで発見されることから、ある人智学者たちは、ヨーロッパは東と西の間を媒介する性質をもつという結論に至りました。

私はこの考えが好きではありません。なぜなら、ある場所の源が、いつでも、その運命の場所であるとは限らないからです。何かが何故ある特定の場所に生まれるか、ということにはいつも理由がありますが、しかし今はミカエルの時代(8)、その源は大切ですが、未来においては、源が運命を決定することはありません。次のように認識しなくてはならないのです。この「メルクリウス－水銀」のクオリティはヨーロッパのものではなく、今日の人間のクオリティなのだと。それは個々の運命と関係しているのであり、地理的な位置は関係ないのです。

哲生さんが、化学的な性質について、より詳しいお話をすることになっていますが、よろしければ、ひとつ私もお話ししたいことがあります。「メルクリウス－水銀」は、酸素と容易には相互作用しません。でも水銀を熱すると、沸点に達する直前に酸素をとり入れます。さらに熱すると、酸素を放出します。この現象から、水銀は酸素に対して、呼吸する関係をもっていると認識できます。そしてこの意味で「メルクリウス－水銀」は、ちょっと肺のようですね。これが私の研究ではないことを皆さんはお気づきと思います。そしてこれも皆さんご存知のとおり、惑星としての「メルクリウス－水星」も肺と関係しています。

『肺は、外界と最も相互作用をしている臓器である』

これを読んだ時、私は「いや、そんなわけがない。それは皮膚だよ、皮膚こそが外界と最も大きな関係性をもっている臓器だ」と思ったものです。ところが人間の皮膚の表面積は約1・6㎡（畳一畳分）なのに対して、肺の表面積は約60㎡（テニスコート約1面分）です。肺は外界と最も関係の深い臓器である。これはまさに真実なのでした！

両極・調和

忍さんが、このテーマで何か準備してほしいと私に依頼したとき、彼はまた「両極にあるものを創造的な関係性の中へともたらすことへの課題」について、あるいは「調和している両極的なもの」について話されました。

そして、私も一人の人間として思うのですが、私たち人間は、調和への憧れを抱いています。人生はいつも調和的というわけではなく、私たちの中には、調和への深い憧れがあるのです。実はこの調和への憧れは、私たちが「かつて失ったもの」の記憶です。そして、かつて失ってしまったもの、古き調和の方へ退行したいというのは人間の本性のひとつだということ、これは誰もが認めることですね。でもある意味、これはセンチメンタルな願望であり、この古き調和への願望は、私たちを未来へ導きはしないでしょう。そのようなイマジネーションとは何か？ いまここにありながら、なおかつ私たちを未来へと連れて行なってくれる調和のためのイメージとはどのようなものでしょう？ 未来への水銀の仕草とはどのようなものでしょう？

私は、ある意味において「良く聞く」ことが未来へと向かう仕草なのではないかと思うのです。私たちは、ほんとうに他者に耳を傾けていますか？ この「openness of listening（聞くことの開き／先入観なく聞くこと）」には、創造的な可能性があります。というのも、私たちがある方法で聞くとき、そこには、聞いている私たちの中でだけでなく、話している人の中でも、何かが変わる可能性があるからです。あなたが話し、誰か他の人が聞いているとします。すると「（相手の）聞き方のクオリティ」が、「あなたが話していることと」への「あなた自身の関係性」に影響を与えるのです。論理的でないとはいえ、これは事実です。皆さんはそれを体験することができます。

もしあなたが「openness 開かれた心」によって聞かれていると感じるとき、あなたは自分の中で、自分が何を言っているのかを、新しい内なる耳で聞くのです。だから奇妙なことに、あなたが話すとき、それを誰かが深く聞いていれば、あなたもまた、あなた自身に耳を傾けているのです、新しいやり方でね。

とりわけ、バイオグラフィのワークショップにおいて、このことに気づくでしょう。あなたが自分の人生の話を、あなたが信頼している人々で構成されているグループに向けて話すとき、あら不思議、話そうなんてまったく思ってもいなかったことを話していることに気がつきます。そう、驚いたことに、「聞く」ことが創造的でありえることを学んだのです。そしてこの創造性は、何かが変化することを意味します。まさに、「聞くこと」が治療する仕草となりうるのです、その時そこに、メルクリウスが現存しているからでしょう。

この「聞くこと」において、あなたの言っていることに賛成とか不賛成とか、それを好きとか好きじゃないとか、ということは、保留しておきます。私はただ聞きます。賛成も反対も関係ない。あなたのことが好きも嫌いも関係ない。

しかし、この社会的な相互関係のメルクリウス的潜在能力には、もうひとつの側面があります。それこそが、私が主にお話したいことなのです。これはメルクリウスへの関係性を発見しようとする私の試みであり、どこかで習ったり読んだりしたことではありません。私はそれを「赦し」との関係のなかでお話ししたいと思います。

3種類（硫黄・塩・水銀）の赦し

日本語で forgiveness はどう言うのですか？　漢字で書いてみてください。どんなイメージなのでしょう。

ではこれから、赦しの2つの極端な形を描写してみたいと思います。「私をどうぞ赦してください」と言ってください。

関矢：どうぞ赦してください。

アンドリュー：あまりそう思っていると感じられないね。

関矢：どうぞ、お赦しください。

アンドリュー：もっともっと！

関矢：どうかお赦しください、どうかお願いです！

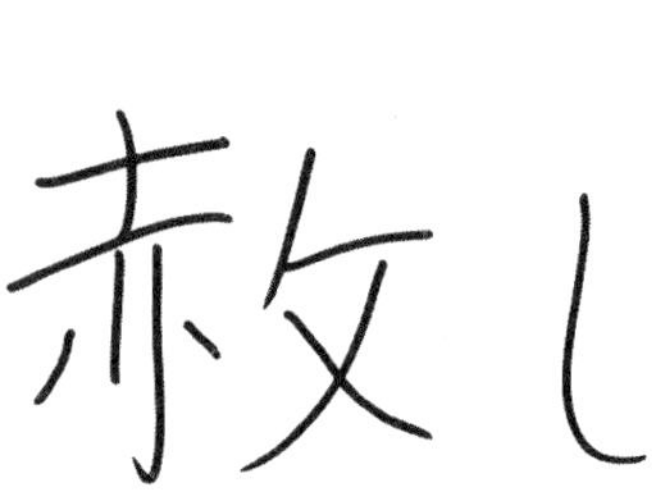

アンドリュー：もちろん赦すとも、どうでもいいことだよ。何もなかったふりをしよう。君は何か悪いことをしたけど、僕はもう忘れてしまった。大丈夫、僕たちは愛し合っているのだから……何もかもすてきだね、世界はすばらしい‼　君を赦すよ‼

（躁状態でふたり手を繋いで踊る）

以上、これは、問題がどこかへいってしまった、というふりをする赦しです。ではまた言ってください。

関矢：赦して！

アンドリュー：悪いと思っているのか？

関矢：はい。

アンドリュー：こんなことはもう二度としない、と約束するね？

関矢：はい。

アンドリュー：それなら赦す。

この2つの違いは何でしょう？　最初のものは全くの「硫黄」、2番目のものは全くの「塩」、というのがわかるでしょう。私は「いいよ、あなたを赦して、起きたことを忘れよう。」と言って再び友達になる、というのが「硫黄」。（ヒュ～と上の方へ飛んでいく仕草）一方私は、「あなたが本当に悪いと思っているときだけ、赦そう」と言います。「私があなたを赦すのは、あなたが本当に悪いと思っている場合だけ」と言う、これは「塩」です。

ですが、このどちらも本当の赦しではありません。初めのものはなんだか「ルチフェル」的な空騒ぎ、そして2番目のものは、指図とか、支配のようなものです。「悪いと思っているのですか？」「はい」「それなら赦します」……これは赦しではない、これは商取引上の契約です。ではこの中間にある「水銀」のクオリティとは何でしょう？　誰かを「赦す」とは何を意味するのでしょうか？

それはある意味で、他者を自由にすることです。「赦してくれますか？」「はい、あなたを赦します」と言うとき、すぐにそのことを感じますね。それはその瞬間に「あなたにある種の自由をあげます」と言っているようなものです。そしてあなたは、今ここで、すぐに気分がよくなります。

ところが未来での展開、つまり赦しの未来における変容は、さらにずっと興味深いものとなります。というのも、死後すぐに通り抜ける「月の領域」において（編集者註：人間は死後、月・水星・金星・太陽・火星・木星・土星の順に7惑星を経て12星座を巡り再び地上に輪廻転生の旅をする）(9)、私たちの過去の日々が映し出されます。もし私が誰かに悪いことをして、その人が私を赦さなかったとき、私はそれを「影のようなもの」として経験します。そしてこの相手との間の「光の欠如」の経験のなかで、つまりこの「影」を経験することにおいて、今や、私が相手にしたことが何だったのか、それを相手がどんなふうに経験したのかを知るのです。

この経験から、次の人生で、その人に良いことができるように、前世でその人にした悪いことを償えるように、その人にもう一度会いたいという願いへと至るのです。以上が、悪いことをして、その相手に赦されなかった場合に経験することです。

では、私が何か悪いことをして、その相手が私を赦した場合はどうでしょう。それはただ今生での互いの関係が良くなったばかりでなく、死後の経験はまったく違うものになります。そのとき【＝死後の月の領域で】相手の赦しがなかったとしたら、私は均衡への必要性、償いの必要性を感じたことでしょう。ところが今や、【地上で相手に赦されたので】私は光を経験します。そして、私はすぐに相手との間に「openness 寛容性」を創り出し、そして私がその人にしたことへの償いの必要性を感じません。

だから、私たちはこの「赦し」について、今を良くする何か――それは直後の結果といえるのでしょうが――として考えるのではありません。そうではなく、この「赦し」の未来の結果は、私たちが力を合わせて、私たち二人のためではなく、第三者のために「何らかの働き」ができるというものになるのです。今の人生において、私たちは気分が良くなりますが、次の人生において、この「赦し」は、私たちがお互いのためにではなく、他の人々のために、共に働こうとする可能性を生み出します。

この「赦し」という簡単な行為のなかに、計り知れぬ「メルクリウスの変容する潜在能力」があります。今だけではなく、実は未来においても。

あなたは誰かを赦すことができます。相手に「赦した」と言わなくても。
あなたは誰かを赦すことができます。もう二度とその人と会わないとしても。
あなたは誰かを赦すことができます。その人が全く「悪かった」と思っていなくても。
あなたは赦すことができます。自分のしたことを後悔していない人をも。

もし誰かにあなたが何かひどいことをされて、その人は全く悪いと思わず、それどころか、むしろ喜んでいたとしても、それでもあなたは赦すことができるのです。死後、その人はどんなにかびっくりするでしょうね。「そうだ、私は何かひどいことをした。でもそのことは、すでに誰かによって変容させられてしまった」と。

ふつう私たちは「ただ神のみが赦すことができる」と考えます。でも本当は「私たちの中の《崇高なもの＝Divine》」こそが、この変容可能な潜在能力をもっているのです。時々皆さんは、「赦されること」と「理解されること」のどちらがいいだろうと考えるかもしれません。すると「私を赦してください」を「どうか私のことをわかってしてください」と、とることができるでしょう。これは本当にミカエル的な課題です。「あなたが私を赦さなくても気にしないの。あなたに私のことをわかってもらいたいの」と言う時、もしその人が「あなたを理解している」なら、当然それは「あなたを赦している」ことになります。「理解していながら赦さない」なんて無理でしょう。以上が、月の領域での経験について、私がお話したかったことです。

水星の領域

さていよいよ、死後に通過する次なる領域、「水星の領域」についてですが、時間がなくなってきました。というわけで、私たちが死後、水星の領域で経験することについてルドルフ・シュタイナーが述べたことをいくつか、手短にお話ししたいと思います。

水星の領域で私たちは、とても孤独であるか、仲間と一緒にいるかのどちらかでしょう。

水星の領域で孤独でいるか、または仲間を見つけられるかは、道徳の問題、つまり地球での前の人生において、道徳的であったかどうかにかかっています。不道徳性の影響は、月の領域で私たちから取り除かれるでしょう。しかし、不道徳性の結果は水星の領域で感じられるでしょう。

とても奇妙なことに、水星の領域では、私たちは何ひとつ変えることができません。地上で、どんなにあなたを愛していたかに気づく、そして水星の領域での痛みとは「私は今、それを良くすることはできない。地上で良くすることのできなかったことを、今、水星の領域で変えることはできない」というものです。もし前世において、唯物主義者であったなら、水星の領域で自分たちに起きていることを全く理解できないでしょう。

今、この道徳的なクオリティとともに、話を終えたいのです。地上の生活での道徳的なクオリティが、水星の領域で孤独であるか、仲間を持つかを決めるでしょう。

この道徳性とは何でしょう？　私たちは道徳性を「善良でいる」「規則に従う」ことだと考えます。私たちは子供たちに「良い子でいなさい」と言いますよね？　あなたは「良い子でいなさい」と言う、でもこれでは足りない。私たちは《良い人で在らねばならない》というより、《良いことをしなければならない》のです。過去からの規則に従っているだけでは十分でなく、単に過去の規則から出てくるのではないような、何か良いことをしなくてはなりません。

そしてここで、これはマグノリア農園と関係するのですが、「オーガニック」と「バイオダイナミック」の違いは何でしょう。「オーガニック」は何も悪いことをしない、「バイオダイナミック」は何かよいことをする。《良く在る》だけでは不十分なのです。

「治療している水銀的衝動 healing mercurial impulse」は、今までになされたことのない、何か《良いことをする》、というものです。だからバイオダイナミックはとても水銀的で創造的なのです。忍さん、この課題を与えてくださり、ありがとうございました。

（会場大拍手）

（6）「Mercury：マーキュリー（英語）」は「メルクリウス（ラテン語）」と表記しました。

（7）瞑想修行の前提としてシュタイナーが与えたもの。

1．思考の行：思考内容と結びつくものを事実に即して並べていく。

2．意志の行：決まった時刻に大きな意味のないことを実行する。

3. 感情の行：喜び・苦しみに対して平静を保つ。
4. 肯定的態度：批判的感情を排し、善いところを探し愛情をもって相手に自己移入する。
5. 先入観の排除：先入観にとらわれず立ち向かう。
6. 内的調和：この5つの行を同時に行なう。
『いかにして超感覚的世界を認識するか』（ルドルフ・シュタイナー／高橋巌訳）〈ちくま学芸文庫〉より
（8）時代を統括する大天使、ラファエル・ガブリエルの時代を経て、1870年代からミカエルの時代に入ったとシュタイナーは述べている（『秘儀参入の道』（ルドルフ・シュタイナー／西川隆範訳）〈平河出版社〉）。ミカエルは、人間に啓示的に働きかけるのではなく、人間の行為の自由さを尊重し、行為の結果に対してまなざしを向けてくれるところに特徴がある。
（9）参考：『シュタイナーの老年学』（丹羽敏雄）〈涼風書林〉よりまとめ

表3　死後の旅路

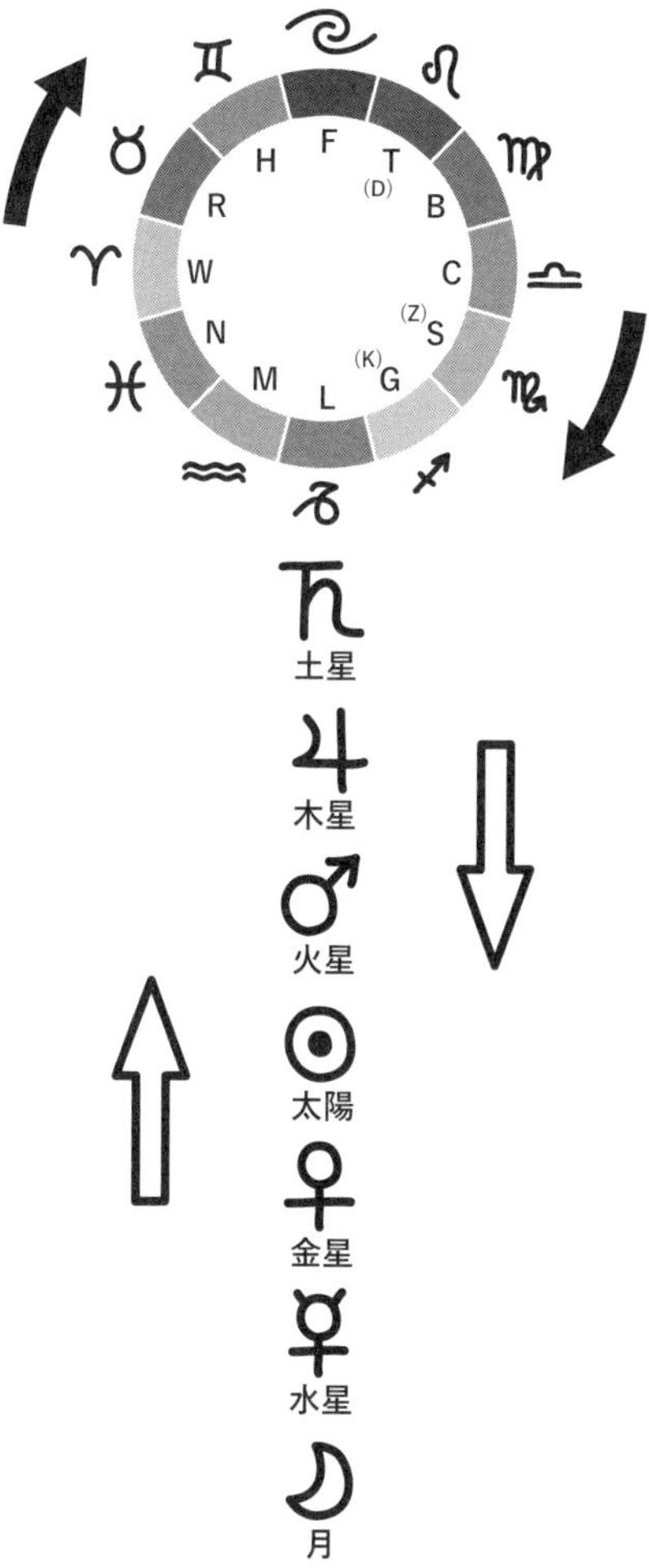

～十二星座の領界～

～火星・木星・土星領界～
土星：根源への洞察力
木星：叡智と調和
火星：行動力と言語能力

～太陽領界～
次の人生に向けての長い準備

～月・水星・金星領界～
金星：愛の領界
水星：癒しの神の領界
月：カマロカの体験と魂の浄化

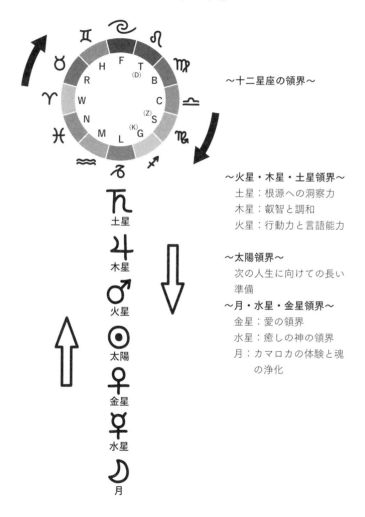

第３章

「収穫」

マグノリア・ガーデン・レクチャー①

マグノリア農園

アンドリュー・ウォルパート

1年ぶりにマグノリア農園を訪れたアンドリュー・ウォルパート氏は、畑に着くやいなや「何てたくさんの働きがあるのだ‼」と、畑にひれ伏し、祈りを捧げました。昨年とは大きく変わり「宇宙と地上の人間の共同した働き」がそこにあることを一瞬で嗅ぎ分けたのです。その光景を間近に見た者にも、感動が伝わってきました。そして、予定していた午前中の会場に戻らず、この畑のベンチで、秋の畑が醸し出す雰囲気の中で講義が始まりました。

アンドリュー・ウォルパート：私は今、特別な場所にいます。ここでは、収穫祭が行なわれています。キャベツ、バジルなどを収穫しましたが、ここで皆さんと一緒に大切なものを収穫したいと思います。

いただきます

「収穫」というテーマで、何をお話しようかと準備するにあたり、日本の方々が行なっている「いただきます」というジェスチャーのことを考えました。多くの人たちが、両手をあわせて「いただきます」をしますが、それぞれ違った意味を教えてくれました。ある人は「これから始めます」、またある人は「私はこれを受け入れています」と。その「いただきます」から考えたことを、今日の収穫祭に活かしていけたらと思います。

もし、あなたがレストランにいて、何かをオーダーして、そしてそれがお皿の上に載っていて、向こうにはキッチンで働いている方がいて、また背後にはそれを買いに行った人がいて、それを運んだ人、工場から運んだ人、農場から工場に運んだ人がいて、そして最後に行きつくところは農家の人々です。そこでは誰かの手にパスするのではなく、直接生産に関わっている農業者がいます。すべてのことは、後ろにあるものに考えが及ばなければいけません。農家の人々は耕すことによって外の世界と繋がっています。虫たちが働いて、野菜が育つのを助け、元素霊たち[10]が存在して、太陽や雨、風、全てのものがそこに注がれています。バイオダイナミック農法では、さらに聖霊[11]が私たちを支えています。

ここに座ると、食べ物があります。「いただきます」と言います。「いただきます」と言ったときにあなたは、全ての宇宙をここに受け入れていることになります。消化について砕いていくというプロセスがありますね。今、私は受け入れ始めます。そのプロセスを始めるということは、最初に鼻で匂いを嗅ぎ、目で見て、「とても美味しそうな食べ物ね」と思います。その後、それを全部砕いていくプロセスが始まっていきます。全ては歯や舌や腸など色々な消化器官を通して、全てを確実に粉々にしていきます。ここには、水星的、金星的な力が働いています。もしあなたが本当に消化器官を使って、全てを完全に砕き、異化作用をし、それに新しい命を与えるなら、エーテル体を通して、それよりも更に偉大なるものに対して奉仕していることになります。

最初はエゴイスティック的に自分中心的に自分の体のために砕いていますが、その後は宇宙的なものに捧げる一つのプロセスです。宇宙的な力が食べ物を作っていますが、私たちのイマジネーションを使うなら、霊的な存在が植物の生長の背後に存在していて、生長の中に入りこみ、エーテル体がプロセスの中で「鉱物的なもの」を捕まえますが、エーテル体は同時に喜びをもってそれを受け入れ、新しい人間の成長に寄与しています。

人間の側から見れば、野菜は私たちに食べられるために生長していますが、霊的な存在たちが野菜を生長させるのと同じ宇宙的な力は、人間の成長する中にも存在しています。もし「鉱物的なもの」が人参の栄養にならなかったら、大地が月の力を借りて、宇宙の音楽を奏でる力になっていきます。植物の中で働くエーテル体も、人間の中で働くエーテル体も、両方が媒介として成長を担っています。

与える・受け取る

「いただきます」は「私は受け取ります」という意味があると同時に「与える」という側面があります。人間存在には「与える」と「受け取る」という行為が、全てのダイナミックな活動の中にみられます。今、私たちは、マグノリアの畑にいますが、ここでは本当に「与える」と「受け取る」が目に見える形で現れています。全ての「受け取る」と「与える」は、私たちの社会における人間同士の関係性、社会的・政治的関係性をはじめ、全ての世界のありようの中に現れています。

もし私たちが一日の終わりに眠りに入っていくと、天使たちが私たちが考えたこと、行なったことを「いただきます」と言って受け取ります。天使と大天使は、私たちが夜寝ているときに私たちが行なったこと、考えたことを収穫しているのです。そして、私たちが死に至ったときには、９つの位階、ヒエラルキー存在達[12]が今度は同じように「いただきます」と言って、私たちが何をやって、何を考えていたかを受け取っていきます。

私たちが死後、惑星を通過していくとき、痛みや喜びがありますが、土星まで行きつき、その先は12星座を巡り、また戻って来て受肉の準備をします。そこで、また私たちは

「いただきます」と言います。7惑星、12星座、そして9つのヒエラルキー達が次の人生の準備を手伝ってくださるわけで、私たちはそれを「いただきます」という挨拶の言葉を、向こうの世界に置いてくるのです。お父さんとお母さんも、子どもが生まれたときには「いただきます」というジェスチャーがあるのではないでしょうか。それは食べるということではなくて、私はこれからこの子どもを「受け入れます」というジェスチャーです。

依存と自立

いつも、どの瞬間にも私たちは「いただきます」と言っています。全ての人生の中で、私たちは「与える」と「受け取る」というダイナミックに行き交うものを、色々なレベルで受け入れています。ルドルフ・シュタイナーは、社会三分節構造[13]について話していますが、経済生活における友愛という表現があります。

経済というと、人々はすぐにお金のことを考えます。もちろんお金も含まれますが、お金だけではないのです。私たちの、行ったり来たりという関係の中で、相互依存関係があります。「dependence ディペンデンス」は「依存」ですが、逆の言葉「independence インディペンデンス」は、独立記念日等で使われるように「自立」ということで、私たちは「依存していること」と「自立していること」を対極に考えてしまいます。そうではなく、人間が相互依存という形で、お互いがお互いを助け合わないと、一歩も立っていられないという、非常に強く結びついた相互依存関係があるのです。

自分でお金を得たときに「これでお母さんやお父さんから自立したのだ」という感覚をお持ちでしょうか？　大人になって最初の給料をもらった時に「これで両親から独立した」「インディペンデンス」だと思う。長い間、依存していたのが、お給料をもらった瞬間に「私は自立したのだ」と思います。それはよく分かります。でも、自立しているというのは幻想ではないでしょうか？　何故なら私たちは、相互依存の関係にあるからです。

私たちは「受け取る」と「与える」という相互依存の友愛的な関係性、兄弟のような関係の中でお互いに依存しているからこそ経済が成り立っています。本当に自立しているのは、精神界の思考においてだけです。精神界における「感情」と「思考」の独立性は真実です。しかし、それでさえ本当の真実ではないのです。何故なら私たちは、そこで人々にオファーする立場だからです。自分を救うためにやっているのではないのです。そういう意味で、霊的な関係でも、私たちは相互依存の関係にあります。

そして、この「自立」という感覚は、霊的な世界からの贈り物です。ヒエラルキー存在たちは「あなたたちは自立しなさい」とサポートを惜しみませんが、宇宙の一部ですから、本当の意味で、一人でいるということではありません。これは終わりのない考えですが、これが収穫祭にあたって、私が受け取ったインスピレーションです。

終わりのない話

私たちは受け取って、そして与えます。いつも地球と共に私たちの仲間と共に、そして、天使たちと共に、これは本当の真実です。これはアントロポゾフィーのための真実ではなく、全ての人のための真実です。もしかしたらアントロポゾーフは、少しだけそこに対して注意を向け、意識を向けているかもしれませんが、これは全ての人にあてはまる全ての世界の物語です。

終わりのないこの話を聴いて下さり、どうもありがとう。京子さんが、ここで素晴らしい仕事をしてくださっていたので、私はインスピレーションを受けることができました。本当にありがとうございました。

（10）四大霊。地（グノーム）水（ウンディーネ）風（シルフ）火（サラマンダー）

（11）キリスト教における三位一体の神の位格の一つ。父（＝父なる神・父神）子（＝神の子・子なるキリスト）霊（＝聖霊・聖神）〈Wikipediaより〉。一方、シュタイナーは「私の中のキリスト」が、神秘学的教義において「聖霊 Heiliger Geist」と呼ばれているものと本質的に何も変わらないということは疑う余地もなく正しいことなのです」と述べている。〈GA39「書簡II」227P〉ここでは後者の意味。

（12）天使群

ヒエラルキア（位階）	天使名
上級	セラフィーム（愛の霊／熾天使）
	ケルビーム（調和霊／智天使）
	トローネ（意志霊／座天使）
中級	キュリオテテス（叡智霊／主天使）
	デュナミス（運動霊／力天使）
	エクスジアイ（形態霊／能天使）
下級	アルヒャイ（人格霊／権天使）
	アルヒアンゲロイ（火の霊／大天使）
	アンゲロイ（生命の子／天使）

『神秘学概論』（ルドルフ・シュタイナー）〈ちくま学芸文庫〉よりまとめ

（13）「精神における自由」「法における平等」「経済における友愛」経済生活について――連合体を基礎とすること『社会の未来』（ルドルフ・シュタイナー／高橋巌訳）〈春秋社〉他

第４章

「収穫」

マグノリア・ガーデン・レクチャー②

マグノリア農園

竹下哲生

収穫と感謝

「収穫」というものが有する精神性、あるいは宗教性と呼べるものについて考察するにあたって僕は、先ずドイツ語の収穫感謝祭 Erntedankfest という言葉に注目したいと思います。この言葉は「収穫する」ということと、「感謝する」ということが「(秋の）祝祭」というひとつのものの中に含まれている、ということを表しています。そして、これが今日、僕が皆さまと考えていきたい事柄なのです。

ということで改めて、この「秋の祝祭」が有している二つの行為について考えていこうと思います。先ず収穫というのは自然の稔りを取り入れる、ということであり、これは自然から人間への流れであると表現することが出来ます。これに対して感謝というのは人間が自然に対して「与えるもの」であって、そういった意味では流れの方向は収穫のときとは逆、即ち人間から自然へということになります。つまり収穫において人間は「与えられる側」であるのに対して、感謝という自然に対する行為において人間は明確に「与える側」にいるということなのです。

このようにして考えていくならば、収穫と感謝という人間と自然の関係性は、この他にも興味深い「非対称性」が見いだされます。それは収穫という自然の賜物が全く物質的なものであるのに対して、感謝という人間の賜物が純粋に精神的なものでしか有り得ないということです。これはある意味で、非常に「居心地の悪い状況」だと言えます。

例えば皆さま、少し具体的に考えてみてください。お隣さんがパリに旅行に行ったので、ジャン＝ポール・エヴァンのショコラを買って来てくれました。とても美味しかったので皆さまは、その翌月に行ったニューヨーク旅行で、自由の女神のお土産を買って、お隣さんに渡しました。これで、お隣さんとの人間関係は「貸し借りナシ」のイーブンな関係になります。これが「ケース①」です。

さて次のケースは、お隣さんが物凄く大金持ちで、自分は食うや食わずの貧乏人だという場合です。ところが、このお隣さんは本当に素晴らしい人格者で、毎日のようにお米や味噌や野菜を持って来てくれるのです。この様に貰ってばかりでは申し訳ないので何かお返しをしたいと思うのですが、自分にはお金がないので「ありがとう」としか言えないのです。これが「ケース②」ですね。

非対称な関係性

もう、お分かりかとは思いますが、後者は自然と人間との関係性を表しています。つまり人間は自然に対して、何かを物質的に与えることは出来ないのです。繰り返しになりますが、これは非常に「ばつの悪い関係性」です。何故なら人間の心は、およそ等価のギブ・アンド・テイクを「健全な関係性」だと感じるように出来ているからです。

こうして自然と人間との「非対称な関係性」に気づいてしまった人は、自然に対して人間が与えることの出来る物質的なものを探します。そして程なくして、ひとつの結論に至ります。人間の排泄物は肥料になるじゃないか、と。

これは誰もが陥ってしまう「思考の罠」だと言えます。そして、だからこそ僕は農業の問題を取り扱う時に、この事柄について最初に議論するようにしているのです。僕は地球と人間の関係性における農業という問題を取り扱ったときに、シュタイナーの『農業講座』には「人間の排泄物は肥料にはならない」というお話をしました。これは『農業講座』の第四回目の質疑応答、即ちシュタイナーの講義の最後の時間の、かなり後ろの方に出て来るのですが（第8講全21問中18番目の質問　日本語訳 P337）、これは僕にとっては非常に「不都合な現実」でした。それはつまり、自分が排泄物として「捨てたもの」を、自然が喜んで「受け取る」などという、そんな都合の良い考え方は間違っているということなのです。

これが今日の「収穫」というテーマの出発点であり、また同時にゴールだとも言えます。つまり、もし人間が自然に与えることの出来る「物質的なもの」が存在しないのならば、人間が自然に与えることの出来る「精神的なもの」とは一体何なのか、ということです。それは即ち秋の「収穫」に対する「感謝」とは本来、どのようなものなのかということなのです。

ありがとうの意味

そこで先ず私たちが日常的に、どんな場面で「ありがとう」という言葉を使っているかについて考えてみましょう。ドイツ語では「ありがとう」のことを「ダンケ」と言うのですが、その言葉が使われる時には、その前に「ビッテ」と言って何かを「お願いしている」のが普通です。これは英語で言うところの「プリーズ」なのですが、人間が「ダンケ」と言って何かに「感謝する」のは、その前に有った「ビッテ」という「お願い」が実現されたからなのです。つまり私たちは「感謝の念」というのを、現実が「思い通りのものになった時」に持つのです。

そして、このような関係性は人間に対しては全く当然のものだと言えます。手の届かないところにあったものを取ってもらって「ありがとう」と言い、頼んでおいた仕事を締め切りまでに終わらせてもらって「ありがとう」と言い、そして見ず知らずの人に命を助けてもらって「ありがとう」と言うのです。そこで行なわれていることは「これは自分にとって都合の良い状況だ」ということを、相手に伝えているのです。

これはある意味で、あまり認めたくない現実だと言えます。つまり「ありがとう」と言うこと、即ち誰かに感謝をするということは単に、自分の心の状態を言葉にしているだけであって、相手に対しては実質的には何もしていないのです。もっと辛辣な表現を用いるならば、私たちは「気持ちいい」とか「幸せだ」とか「ラッキーだ」とか言う代わりに「ありがとう」という言葉を使っているに過ぎないのです。

そして今度は、これと同じ関係性を自然に対して向けてみましょう。ちょうどピクニックに行こうと思っていた日曜日が晴れたので空に対して「ありがとう」と言い、寒い冬の日に暖かい温泉が湧いていたので大地に対して「ありがとう」と言い、そして秋にたくさんのお米が取れたので自然に対して「ありがとう」と言うのです。このように私たちは「感謝する」という人間に対する関係性を、自然に向けて拡張します。そして今日の本題は、このような関係性に「意味があるのか」というものなのです。

魂（心理的）と霊（精神的）の違い

僕は先ほど人間が自然に与えることが出来るのは、物質的なものではなく精神的なものだと述べました。そして「精神的なもの」というのは、「心理的なもの」とは少し異なるのです。恐らく皆さまは、シュタイナーの人間観では「魂」と「霊」を区別する、という話を何処かで聞かれたことが有ると思うのですが、これからする話は正に、そのことについてです。

僕は、ここ数年で大学受験をする子どもたちの話をよく聞くようになりました。理由は単純で、出産や育児をきっかけにシュタイナー教育を知ったお母さん方の子どもたちが、もう大学受験をするくらいの年齢にまで成長したということです。僕がドイツから帰国して、こういう活動を初めてもう十数年が立ちますから、まあ当然の成り行きですよね。

それで例のごとく誰々さんの息子さんや娘さんが、ナントカ大学を受験して合格したとか落ちたとか、そういう話を聞くことになる訳です。念のために言っておきますと、僕は日本の大学の価値が良く分かっていないので、ナントカ大学に合格したとか落ちたとか聞かされても「人生には、もっと大切なことが有るのに」としか思いません。しかし、それとは別に志望校に受かって誇らしげにしている誰々さんの息子さんに会うと僕も嬉しい気持ちになりますし、反対に浪人しても志望校に受からなかった誰々さんの娘さんの話を聞くと、僕も悲しい気持ちになります。

これが心理的領域と精神的領域の違いだと言えます。このように「大学に合格することが、この人間の人生にとってどんな意味があるのか」と考えているときに、僕は人間の精神と関わっています。これに対して合格して嬉しいとか、あるいは不合格で落ち込んでいるとかいう問題は心理的な事柄であって、それは人生の「意味」とは違う領域の問題だと言えます。念のために言っておきますが、僕は別に合格や不合格に一喜一憂することに「意味がない」と言いたい訳ではありません。小学生が運動会のかけっこで一等賞を取ったなら、周りにいる大人は子どもと一緒に喜んであげるべきでしょう。とはいえ、それが教育的に正しい向き合い方であっても、運動会のかけっこの結果がその人間の価値を決める訳ではない、ということが言いたいのです。

自然・神と人間の関係性

さて本来の問題である、自然と人間の関係性に立ち戻りましょう。もし私たちが自然に対して「ありがとう」という言葉を発する時、そこで表現されているものが自分の気持ちよさ、居心地の良さ、幸せな気持ち、あるいは快適さでしかないのならば、それは「精神的なもの」ではなく、単なる「心理的なもの」に過ぎないということです。

そして、これと同じ問題は自然との関係性だけではなく、人間と神さまとの関係性においても存在します。『恋愛サーキュレーション[14]』という歌があるのですが、そこでは運命の出会いがあって幸せだから「神様ありがとう」と述べられています。つまり人間は気持ちのいい天気の日には自然に感謝し、そして素晴らしい出会いが有った時には神さまに感謝するのです。

しかし現実を直視するならば、自然や神さまが人間に与えてくれるものは必ずしも、人間にとって都合の良いものばかりではありません。農家の人にとって雨は有り難いものですが、降り過ぎると西日本豪雨のようになってしまいます。反対に晴れの日も有り難いものですが、続き過ぎると干ばつになってしまいますね。あるいは火山の噴火や地震、津波のような自然の猛威に私たちは、秋に収穫されるお米に対してと同じように「感謝する」ことは出来るでしょうか。

あるいは人間の運命は、神さまからの賜物だと言うことが出来ます。素敵な異性に巡り会えたりなど、私たちは「良い出会い」には神さまに感謝しますが、例えば振り込め詐欺の被害にあったという「悪い出会い」に対して私たちは、同様に神さまに「感謝する」ことは可能なのでしょうか。これが心理的な感謝と、精神的な感謝の違いなのです。

感謝の深い意味

ところが私たちは不幸や災難としか呼べないものにも、深い「意味」が有ることを知っています。例えば皆さまも誰かから酷い仕打ちを受けたことが、後から考えると大切な「学び」になっていたということは無いでしょうか。あるいは、とんでもない災害に巻き込まれて住む場所を変えたら、その先で思いもしなかった出会いがあった、ということは無いでしょうか。このような事柄について考えるときに私たちは七年前の、あの民族的な悲劇のことを思い出さざるを得ません。

そして私たちは津波で家が流されてしまった人に、「後から考えてみれば、これが人生の転機になっていたって言える日がきっと来るよ」などと気軽に言うことは出来ません。あるいは私たちは、ここ福島でのマグノリアの活動が始まったからといって、安易に「原発事故に感謝しよう」などとは口が裂けても言えません。しかし起きてしまった現実を「意味のあるもの」に変えることが出来るのは、自然でも神さまでもなく、私たち人間だけなのです。

このように精神的な意味での感謝と呼べるものは、もう「感謝」という安易な言葉が不適切に思えるくらいに深い意味を持っています。そして恐らく、そのようなものであるならば、私たち人間は自然に対して「与える」ことが許されるのです。そして、これと同じことは人間と神さまとの関係性においても言えます。このことに関してはミヒャエル・デーブスという僕の師匠に当たる方の『キリスト存在と自我[15]』という本の中で述べられています。そこでは神さまと対話する為には、それなりの作法を学ばなければならない、という考察が展開されているので、もし興味の有る方は読んでみて下さい。

確かに私たちはちょっと高級なフレンチに行くだけで、正しいテーブルマナーを知らないからドギマギしてしまいます。それなのに神さまと向き合う時には、何の作法も必要ないというのは、とんでもない傲慢であり怠慢ではないでしょうか。ところが「スピリチュアル」な人たちは、いわば精神的な世界の現実と呼べるものが全く見えていないからこそ、地上的な感情をそのまま向こう側の世界に持って行けると勘違いしているのです。メールアドレスに「arigatou」と入れていたり、笑顔さえ絶やさなければ全ての問題は解決されると考えている人たちのことを、専門用語で「ありがとう星人」と呼ぶらしいのですが、こういう人たちは精神的な【スピリチュアル】世界を目指しているのではなく、単に快適な自分の内面世界に立ち止まっていたい人たちなのです。

いただきますという決意表明

さて、こういった考察を背景に、先ほどアンドリューさんの仰った「いただきます」という言葉の意味に立ち返りたいと思います。もし私たちが、この言葉を「今、自分の目の前に美味しい食べ物がある。そして自分は今お腹が空いているので、これから食べられるのが嬉しい」という快感だけしか表現していないのであれば、それは心理学的な意味での感謝の言葉に過ぎません。

もし私たちが「いただきます」という言葉に、単なる心理学的な意味だけではなく、それ以上の精神的な意味も持たせたいのであれば、「このように私は自然から物質的に与えられたのだから、人間として精神的なものを自然にお返しする必要がある」という決意表明であるべきなのではないでしょうか。

そして、そういった世界観と人間観を表現したものの代表例として、僕はシュタイナーの残した「食前の祈り」⑯に注目したいと思います。もし時間が有れば、ここで皆さまに、この祈りのテキストをお配りして、言葉の一つ一つがどういう意味を持っているのかについて考察していきたいところなのですが、今日は時間がないのでやりません。

先ず注目すべきは、この「食前の祈り」の中には一度も「感謝」とか「ありがとう」という言葉が登場しない、ということです。そして次に気がつくのが、この祈りの言葉が全部で六行あって、同じ動詞が二回づつ繰り返されているということです。つまり、ここでは「三つのプロセス」が問題になっているのです。

さて、ここで多くの方がピンと来られたのではないでしょうか。そうなのです、この食前の祈りでは硫黄・水銀・塩という錬金術的な三つのプロセスが二回述べられているのです。最初の三行では外側の世界での、即ち物質的・生命的な自然界での三原理が述べられており、そして最後の三行では人間の内側での、即ち心理的・精神的領域での三原理が述べられているのです。

そしてシュタイナーは「食事というものは精神的なものだ」と述べています。もし彼が「食事とは私たちが物質的な存在として、体を維持するために必要なものだ」と言っていたならば、誰もが納得することでしょう。確かに、私たちが「食べなければ生きていけない」のは事実です。しかし人間という存在は、口の中に食べ物さえ入れていれば、死なない存在ではないのです。こういった考え方はキリスト教世界の伝統にもあり、福音書には、こう書かれています。「人はパンのみによって生きるのではなく、神の口から出る言葉で生きるのである」。ここで述べられていることは、食べることに「加えて」精神的なものを人間が必要としている、ということではなく、食べること「そのものが」精神的な活動であるべきだ、ということなのです。

季節の祝祭

そして最後に一言だけ、季節に関する考察を述べておこうと思います。ここまでに明らかになったことは「収穫」と、それに対する「感謝」というテーマにおいては、自然界という「外側」と、人間の心や精神という「内面」との関係性が重要である、ということでした。そして、こういったテーマは正に「秋の祝祭」に相応しいのです。

というのも、これから遣って来るクリスマス、即ち冬の祭りというのは、「純粋に内的な祝祭」と呼べるものだからです。そして、そのために自然はクリスマスに向かって死に絶え、人間の内面性の他には、何も存在していないような外界を作ってくれます。

これに対して夏の時期の人間は、完全に外の世界と結びついています。つまり夏の祝祭というのは自然界の祝祭、即ち「外側の祝祭」なのです。そして秋と春には、内側と外側が呼応する祭りが祝われます。秋においては「収穫」というかたちで外界が人間の内側に取り込まれ、そうして豊かになった内面が冬の祝祭へと向かっていきます。そして春の祝祭では「逆向きの収穫」として、人間の内側で稔ったものが宇宙へと広がっていくのです。

ダイアログと質疑応答

アンドリュー：哲生さん、どうもありがとうございます。確かに食べ物は、単に「栄養を摂るためのもの」だけではありません。これに加えて知っておかなければならないのは、この地球そのものが、私たちが「食べる」ということを必要としている、ということです。と言うのもキリストが受肉したということは、太陽のプロセスが地球に降りて来たということであって、それが「食べる」ということと関係しているからです。

少し複雑な話なのですが、シュタイナーの世界観によると、遠い遠い過去の地球というのは、太陽と一緒にひとつの巨大な天体だったのです。ところが宇宙が進化する過程の中で、太陽が地球から出て行ってしまいました。こうして今のように太陽は地球の外にある訳なのですが、キリストが地球に降りて来たということは、地球そのものが太陽になる可能性を得た、ということなのです。そして私たちが、この地球から得たものを食べて消化するということは、地球そのものが少しずつ太陽に向かう、お手伝いをしているということなのです。

恐らく皆さまは、精神的な活動をしているから、物質的な栄養を全く必要としていない人、即ち「不食」の人が実際に存在している、ということをご存知だと思います。でも、これは決して私たちの理想ではありません。何故なら既に述べましたように、この地球そのものが、私たちが「食べる」ことを必要としているからです。

また地球は今日私がお話しした、相互依存という人間関係が更に強くなっていくことも望んでいます。そして私たちが、そういった人間関係、また地球との然るべき関係性を培っていく中で「キリストの国」は近づいて来るのです。

そして、これに付随して最後に一言だけ皆さまが驚くようなことを述べておきたいと思います。恐らく皆さんは、バイオダイナミック農業が素晴らしいものだ、ということをご存知だと思います。しかしバイオダイナミック農業を行なって、それによって良い収穫物を得られるかどうかは、実は全くどうでもいいことなのです。何故ならば、バイオダイナミック農業というのは本来、地球そのものを治療するということが目的で行なわれているからです。

そして、そうやって地球そのものを癒やしているプロセスの中で、たまたま美味しい野菜が副産物として出来てしまうのです。念の為に言っておきますと、私たちはこの美味しい野菜という副産物を捨てる必要はありません。何故なら地球は、それが人間によって食べられることを望んでいる訳ですから。

樋渡：不食の人たちばかりになってしまったら、人間と地球の協働作業はどうなるのでしょうか？　農業の果たす役割が変わってしまうのでしょうか？

アンドリュー：私は不食という人たちがいることは知っていますが、残念なことに直接会ったことがないので、そういう人たちを正しく評価することは出来ません。とは言え私は、そういう人たちは見習うべきではないと考えています。何故なら今の私たちは未だ、この地球を必要としているからです。もし私たちが食べることをやめてしまうならば、私たちにとっての地球は余り必要ではないものになってしまうのではないでしょうか。言うまでもなく私は、不食の人がいること自体を否定しようとは思いません。しかし人間が何も食べなくなってしまうことで、人間の地球との関係性が失われてしまうことが問題だ、と私は思うのです。

竹下：僕はドイツに居た時に、実際に不食の人に会ったことがあります。彼は確か四十代か五十代の男性で、痩せているというよりは、むしろ小太りというか骨太の体型でした。そして彼の話を聞いている限り、彼が特別に「精神的」だという印象を僕は持ちませんでした。また何も食べていないからといって、別にフワフワと「浮いたような雰囲気」の人物でもなく、まあ本当に全く「普通の人」でした。

彼は不食を始めてから、劇的に体調が良くなったので続けているそうなのですが、ほとんどの人は「不食を続けても意味がない」ということで普通の生活に戻ってしまうそうなのです。何故ならば、この人のように「不食を始めて体調が良くなった」というのはむしろ例外的で、ほとんどの人にとっては食事の時間と食費を節約が出来ること以外に、さしたるメリットも無いそうなのです。それどころかデメリットの方が深刻で、そもそも食事をしないことで人間は完全に社会生活の外に置かれてしまうのです。

これは人間の社交生活のほとんどが、何らかのかたちでの「飲むこと」や「食べること」と結びついているという事実に着目するだけで十分です。だから家族を持っている人は、食事はしないけれども食卓について飲み物だけ飲むということになります。そうすると今度は「食卓について飲み物も飲んでいるのに、どうして自分はみんなと一緒に食べないのか」という疑問に至り、結局のところこれまでのように普通に食べる生活に戻ってしまうそうなのです。

このような現実は、食事が単なる栄養摂取ではない、ということを指し示しています。そして少し重複になってしまうのですが、このような食事の社会的・心理的側面に加えて、食事の精神的・宗教的な側面も示唆することが出来ます。

旧約聖書には「焼き尽くす捧げ物」という儀式がありまして、祭壇の上で食べ物が燃やされます。こうして本来ならば私たちの体の中へと入っていたはずのものが、祭壇の上で煙になって神さまのもとへと帰って行くのです。食べ物は神さまから与えられたものだから、こうやって神さまに「返す」ことで古代の民族は、神さまとの関係性を築いていたのです。

さて、ここで「燃やす」という宗教的な行為に着目するならば、それが硫黄プロセスであるということに気が付きます。そして僕が前回の講義でもお話ししたことを思い出して頂くならば食べ物を食べて消化するということ、即ちバラバラに破壊するということもまた、ひとつの硫黄プロセスなのです。

そう考えるならば古代の民族が祭壇の上で宗教的に行なっていたことを、私たちは食事をすることで自分の体の中で生理的に行なっていることになります。つまり人間が食事をするということ自体が既に、神さまに犠牲を捧げて祈るという宗教的・精神的な行為に非常によく似ているのです。

さて「古代の民族が宗教的に行なっていたこと」とは言うけれども、そもそも古代の人たちもまた現代の私たちと同様に食事をしていたのではないか、という疑問は全く正当なものです。確かに古代の人々もまた、現代の人間と同様に食べ物を食べていました。しかし、それは現代の人間と同様の精神的な意味を持ってはいなかったのです。これが僕が、わざわざ旧約聖書の宗教儀式を引用した理由です。つまり私たちは今、新約聖書の時代に生きているということなのです。

そして、これは先ほどアンドリューさんが話してくれたことと関係しています。つまり「キリストが受肉した」ということは、即ち「人間にとっての『食べる』ということの意味が変わった」ということなのです。或いは別の表現を用いるならば、この地球上で「食べる」ということを肯定すること自体が、既に「キリスト的」なのです。

樋渡：不食の方々は世界中にいて、ブリザリアン（Breatharian：光を食べる人）と呼ばれています。動物だけではなく、植物も殺生しない生活に憧れます。

アンドリュー：やろうとされているんですか？

樋渡：いいえ、とてもそんなレベルにいません。基本的には野菜が中心ですが、お魚もありがたくいただいています。

アンドリュー：食べるのを楽しんでください。食べて飲んで、いいお仕事をしてくださ い。そしてよく眠ってください。

その言葉が終わるとほぼ同時に、鳥たちが一斉に鳴き、飛び立ちました。私たちの気持ちの変化や、新たに生み出される感情をずっと聞いていたかのようでした。そして、畑の周囲に目をやると、那須連山の上の空から、天使の梯子が降りてきて、釈迦堂川の水面がキラキラ輝いていました。その光景を眺めながらティータイム……豊かなひとときでした。

（14）アニメ「化物語」10話のＯＰに使用された曲。歌っているのは千石撫子役の花澤香菜。強烈なインパクトを与える冒頭の「せーのっ♪」は作曲者の神前暁のアイディア。

（15）『キリスト存在と自我～ルドルフ・シュタイナーのカルマ論～』（ミヒャエル・デーブス著／竹下 哲生訳）〈SAKSBOOKS〉

（16）シュタイナー学校の子どもたちが食前に唱えるよく知られている言葉は以下のもの。

「大地がつくり　太陽が実らせた　ありがとう太陽　ありがとう大地　感謝していただきます」

これも中々感動的ですが、竹下氏の指摘した食前の祈りは以下のマントラ。

（竹下哲生訳）

Es **keimen** die Pflanzen in der Erde Nacht,	植物は暗い大地の中で**芽吹き**
Es **sprossen** die Kräuter durch der Luft Gewalt,	草木は風の威力を通って上へと**伸び**
Es **reifen** die Früchte durch der Sonne Macht.	果実は太陽の力で**稔る**
So **keimet** die Seele in に des Herzens Schrein,	その様に魂は心の籠の中で**芽吹き**
So **sprosset** des Geistes Macht im Licht der Welt,	その様に精神の支配は世の光を**貫き**
So **reifet** des Menschen Kraft in Gottes Schein.	その様に人間の力は神の輝きに**稔る**

二度繰り返されている動詞は、keimen, spriessen, reifen（太字部分）の三つ。keimen と spriessen は、どちらも一般に「芽吹く」と訳すことが出来ますが、keimen の方は主に根の生長（塩プロセス）と関係するのに対し spriessen は上に垂直に伸びる茎の生長（水銀プロセス）で、reifen（稔る）が硫黄プロセスに対応するでしょう。また、Gewalt , Kraft, Macht という、どれも日本語では「力」としか訳せない微妙な言葉の使い分けは、恐らく第二（中級）ヒエラルキー（脚注12参照）を示唆していて、それと対をなす第三（下級）ヒエラルキーの要素もどこかにあることが示唆されます。

参考：『瞑想と祈りの言葉』（ルドルフ シュタイナー／西川隆範訳）

ダリア

瞑想的攪拌

語り合う2人

迦堂川をバックに

参加者たち

芋の収穫

アンドリュー・ウォルバート

野菜たち

シュトックマン司祭と輿石司祭

撒布する司祭

■ 講師プロフィール

クラウディア・シュトックマン

1946年バーゼル生まれ。大学でドイツ文学・歴史、フランス語を学び、その後治療教育を学ぶ。小学校教育、治療教育に携わり、1984年にキリスト者共同体の司祭に就任。現在コルマール集会に勤務している。マグノリアの灯の活動に賛同し、5年間福島に通い続けてくれている。

アンドリュー・ウォルパート

1947年ロンドン生まれ。英エマソン・カレッジでThe Spirit of Englishコースを18年にわたって指導。日本では、アントロポゾフィーの認識を背景として、教育学・歴史学・文学・語学・美学と多岐に渡る主題で講演会・ワークショップを行なっている。

竹下哲生（たけしたてつお）

1981年香川県生まれ。2000年渡独。2002年キリスト者共同体神学校入学。2004年体調不良により学業を中断し帰国。現在、四国アントロポゾフィー・クライス代表として活動中。訳書『キリスト存在と自我～ルドルフ・シュタイナーのカルマ論～』（SAKS-BOOKS）、『アトピー性皮膚炎の理解とアントロポゾフィー医療入門』（SAKS-BOOKS）

■ キャンパスを支え応援してくださっている方々　（敬称略・順不同）

(株)コロナ　内田力／アポカリプスの会　遠藤真理
山本記念病院　山本百合子／日能研　高木幹夫／横浜 CATS　冠木友紀子
ホリスティック空間ぐらっぽろ　船津仁美／自然療法サロン クプクプ　樋渡志のぶ
日本ホリスティック医学協会 関東支部・スピエネット有志　降矢英成
同仙台支部有志　萱場裕／ (株)カウデデザイン　寺岡丈織・里沙
郡山中央倫理法人会　三瓶利正／神之木クリニックファンクラブ　竹村洋一
Niederlausitz 病院有志　マルチン・ギュンター・シュテルナー
東日本大震災追悼の会スイス・ドルナッハ　さら・カザコフ

サラッとコラム

エゴマと収穫

マグノリア農園の入り口右側、水の区画は、主にハーブを植えています。中でも一番面積を占めたのがエゴマ。エゴマ油はオリーブオイルよりサラッとしていて、サラダにかけて良し、調理にも使い勝手が良いため、福島でも昔からエゴマを作っていました。ただ、油を絞る作業に手間がかかることや、廉価な輸入もののオイルに押されて段々作られなくなりました。漬物に代表される発酵食品・保存食には、会津伝統の技が受け継がれています。幼い頃、祖母の手が生み出す魔法のような技術を見て育った私は、それらが失われていってはいけないと強く思うようになりました。本来のエゴマの美味しさを届ける手間を惜しまないエゴマ名人、田村市に住む渡部さんのところに通うようになったのもそんな背景があります。

農園オープンの1年前にエゴマ作りにチャレンジしましたが、透明感のある上品な油には程遠く、少しでも近づこうと栽培のプロセスを見直しました。播種・育苗・刈入・乾燥・搾油……ようやく出来上がったエゴマ油を1本1本瓶詰めする時、様々な思いが蘇りました。そして、キャンパスで講師たちがお話してくださった「枯れるまでベストを尽くす」「調和への憧れはかつて失ったものの記憶」「燃やして神様にお返しする」等々の言葉は、私の心に強く響きました。自分では言語化できなかった思いを表現してくださったことで、私の中にも一つの言葉が生まれました。

「油という火の要素をもつエゴマを、水の区画で栽培することは、人と大地が協働で行なう祈りであり赦し」なのだと。

豊かな収穫ができたことに心からの感謝を込めて、支えてくださるオーナーさんたちに今日も野菜を箱詰めして送ります。

橋本京子

エゴマ栽培ヒストリー

（株）コロナにて

新潟産エゴマの種をくださった（株）コロナの内田会長（水９区画）と、新潟の皆さん（水１区画）に、福島育ちのエゴマ油をお届けしました。内田エネルギー財団から、毎年多額の助成金をいただいているささやかな感謝のご報告です。

新聞掲載された渡部さん。エゴマ・ブーム当来か？

水７の区画名誉オーナー、シュテルナー医師の長男バルドゥア君（医学生）。エゴマ油はドイツにもお届けしました。

おわりに

ＮＰＯ法人マグノリアの灯は、橋本文男氏を中心に多くの支援を受けてバイオダイナミック農法による「空をきれいにする」農園を展開すると共に、座学アグリ・キャンパスを開講しております。２０１８年秋には「収穫」などをテーマで三人の講師をお迎えすることができました。真に稔り多い講座ができたことを講師の方々、並びにご支援していただいている皆さまに、感謝申し上げたいと思います。

10月8日にシュトックマン司祭による講座「農業と宗教」では、ルドルフ・シュタイナーによる「農業講座」の開催に至った経緯を伺うことができました。爽やかな秋の香りの中に熱い空気を感じたことを今でもよく覚えています。この講座は若い人の強い意志がなければ実現できませんでした。ここにバイオダイナミック農法の生き生きした命の原点に触れた思いがあります。

また、質疑応答ではシュトックマン司祭の「キリスト論」への言及もあり、このことは学びの場で起こった大きな収穫でした。

10月28日に講座「調和～メルクリウス」が行なわれました。表面的にはおちゃめなところがあるのですが、内に真剣さを秘めていらっしゃるアンドリュウー・ウォルパート氏ご自身がメルクリウスであるように思います。「メルクリウス　水銀的赦し」はマグノリアの灯の目指すところを再認識し、心を新たにするに及びました。

その後、農園での講座「収穫」では、日本の〝いただきます〟という言葉をもっと大事に扱う必要があるように思いました。

そして、竹下哲生氏による〝食べることが儀式である〟というお話は、今までの食に対する概念が変わるのではないでしょうか。

この秋の講座に参加できなかった方々にも、この本が稔り多きものになることを願っております。

遠く海外や四国からおいで下さった講師の方々には言い尽くせないほどの感謝をしております。そして、通訳をしてくださった輿石麗司祭と関矢ひとみ様、校正に協力していただいた田谷裕章様、二宮知子様、本文デザインをお引き受けしてくださった桜井勝志様、表紙デザインに力を注いでいただいた田谷美代子様にもこの場をお借りして感謝を申し上げます。

NPOマグノリアの灯　理事　吉田秀美

マグノリア文庫6-2／マグノリア・アグリ・キャンパス2018/2019　福島鏡石

収穫　人と空と大地——ともに稔るバイオダイナミック農法

2019年(令和元年)10月1日　初版第1刷発行

講　師：クラウディア・シュトクマン／アンドリュー・ウォルパート／竹下哲生
発行人：山本忍・橋本文男(キャンパス学長)
発行所：マグノリア書房
NPO法人　マグノリアの灯事務所
〒969-0401　福島県岩瀬郡鏡石町境445
TEL&FAX:0248-94-7353
magnolianohi1309@yahoo.co.jp
発売所：株式会社　ビイング・ネット・プレス
〒252-0303　神奈川県相模原市南区相模大野8-2-12-202
TEL　042-702-9213
デザイン・編集：桜井勝志　田谷裕章
協　力：輿石麗　尾竹架津男　吉田秀美　橋本京子
樋渡志のぶ　船津仁美　岩谷正美　栢本直行
表紙イラスト：たやみよこ
裏表紙写真：宅配されたマグノリアの野菜たち
定　価：本体1500円＋税